Maj Samzelius

ABENTEUER AM STERNENHIMMEL

Maj Samzelius

ABENTEUER AM STERNENHIMMEL

Reihe: Helden und Ungeheuer am Himmelszelt

Aus dem Schwedischen übertragen von Erika Bohata und Graziella Hlawaty

Herder

Umschlaggestaltung: Martin Tiefenthaler
Bestellnummer: ISBN 3-210-24986-5

Inhalt

Einleitung

Schon im ersten Band der „Helden und Ungeheuer am Himmelszelt“ hat Onkel Martin die spannendsten Abenteuer aus der griechischen Sagenwelt erzählt und die dazu gehörenden Sternbilder gezeigt: den Helden Perseus, der mit dem schrecklichen Haupt der Medusa den Riesen Atlas zu Stein werden läßt und die schöne Prinzessin Andromeda befreit; den wilden Jäger Orion, der gnadenlos alle Tiere verfolgt; das beflügelte Pferd Pegasos; Hermes, den König aller Diebe, der zum Götterboten wird. Darüber hinaus boten ein Anhang und 12 Sternenkarten eine leichtfaßliche Einführung in astronomische Grundbegriffe.

Mit dem zweiten Band werden die aufregenden „Abenteuer am Sternenhimmel“ fortgesetzt. Wieder berichtet Onkel Martin, wie die Sternbilder entstanden und in welche Abenteuer ihre Namensgeber verstrickt sind: Wir begleiten Orpheus in die Unterwelt, nehmen Anteil an der kühnen Fahrt der Argonauten, die das Goldene Vlies zurückerobern, erfahren von der Geburt der Milchstraße und von den Taten des Helden Herakles. Ein ausführliches Namensregister sowie viele Darstellungen von Sternbildern bereichern auch hier das Grundwissen über die Sternenkunde und die griechische Sagenwelt.

Den Blick auf die Sterne gerichtet, erleben wir Geschichten, die so alt sind wie das Bewußtwerden der Menschheit und die Suche nach dem eigenen Standort im Universum. Es sind Abenteuer, die von grenzenlosem Mut, von Kameradschaft, Liebe und Treue berichten, aber auch von Hinterlist, Grausamkeit, Betrug und Verrat. Gleichzeitig wird uns damit ein Stück uralten Kulturgutes vermittelt.

Wieder auf der Insel

„So ein Glück! Alle Sterne sind zu sehen. Der Große Wagen, die Kassiopeia!“ Kristoffer lief von einer Ecke der Veranda zur anderen und zeigte auf den Himmel. „Schau, Jan, da ist der Kleine Wagen. Und dort der Polarstern!“

Jenny kam aus dem Wohnzimmer, und jetzt waren sie wieder alle beisammen: die drei Sterngucker und ihr Onkel Martin.

„Sag, Onkel Martin, welche Geschichte wirst du uns denn heute erzählen?“ fragte Jenny ungeduldig.

„Nun, wie weit bin ich eigentlich das letzte Mal gekommen?“

„Bis zur Lyra“, erklärte Kristoffer stolz; er wollte zeigen, wie gut er sich alles gemerkt hatte. „Du hast zuletzt von diesem lustigen kleinen Kerl erzählt, der aus einem Schildkrötenpanzer eine Lyra gebaut hat und sich dann aufmachte, um dem Apollo eine ganze Kuhherde zu stehlen.“

„Ja, und heute wolltest du von Orpheus und Eurydike erzählen“, erinnerte Jenny den Onkel. „Das hast du uns versprochen, als wir das letzte Mal hier auf der Insel waren.“

Es hatte am Ende der Sommerferien begonnen: Da waren Onkel Martin und die Kinder eine Woche lang allein auf der Insel, und eines Abends kletterten sie gemeinsam auf den nahen Aussichtsberg hinauf, um die Sterne anzuschauen. Der Onkel erzählte, daß die Menschen vor langer, langer Zeit beim Beobachten des Sternenhimmels verschiedene Sterne zu Figuren verbunden haben. Auf diese Weise sind die Sternbilder entstanden, von denen die meisten ihre eigene, spannende Geschichte haben.

Die Kinder hörten von Perseus und Andromeda, vom Jäger Orion und seinen Hunden, vom Kleinen und vom Großen Bären und davon, wie der Hase Lepus zum Osterhasen wurde. Am letzten gemeinsamen Abend hatte der Onkel erzählt, wie es zugegangen war, als der neugeborene Gott Hermes dieses wunderbare Musikinstrument erfand, das er Lyra nannte und später seinem Bruder Apollo zum Geschenk machte.

Aber wie die Lyra schließlich auf den Sternenhimmel gekommen ist, das haben die Kinder nicht erfahren. Für diese Geschichte reichte die Zeit nicht mehr. Und deshalb hatte der Onkel versprochen, das nächste Mal wieder auf die Insel mitzufahren, um den Schluß dieser Geschichte zu erzählen.

Und nun war es endlich so weit.

„Gehen wir heute wieder auf unseren Aussichtsberg?" fragte Kristoffer.

„Das ist gar nicht notwendig! Jetzt, Anfang Oktober, steht das Sternbild der Lyra am Abend noch so hoch am Himmel, daß man es auch von hier aus gut sehen kann. Kommt, wir setzen uns am besten auf die Treppe."

Jenny seufzte: „Schade, daß heute keine Musik vom Wasser her zu hören ist. Das war im Sommer so romantisch."

„Heute kannst du dafür die Grillen zirpen hören!"

„Richtig", stimmte Kristoffer bei. „Und wir stellen uns vor, wir sind im alten Griechenland. Der Onkel ist so ein uralter Hirte mit einer großen Fellmütze und einem langen Stab, und er erzählt uns eine Geschichte nach der anderen."

„Genau. Und du und Jenny, ihr könnt die Schafe sein", grinste Jan.

„Hör auf zu blödeln", fuhr Jenny ihren Bruder an. „Ich bin schon so neugierig auf die nächste Geschichte!"

„Nun, da ist es wohl am besten, wenn der alte Hirte zu erzählen beginnt", lachte der Onkel.

Der Sänger Orpheus und die Waldnymphe Eurydike

Orpheus wuchs in den wild zerklüfteten Bergen Thrakiens auf. Seine Mutter war die Muse Kalliope (die Schönstimmige), und sein Vater war Apollo. Von ihm lernte er das Spielen auf der Lyra und wurde ein so guter Sänger und Lyraspieler, daß Apollo ihm schließlich sein eigenes Instrument, das er einst von seinem Bruder Hermes bekommen hatte, schenkte.

In den Wäldern und Schluchten seiner Heimat sang und spielte Orpheus so hinreißend, daß die Bäume ihre Wurzeln aus der Erde zogen, um ihm zu folgen, und die wilden Tiere des Waldes sich um ihn scharten, um den wunderbaren Melodien zu lauschen. Ja, man erzählt, daß sogar das Wasser in den Flüssen seinen Lauf anhielt, um den Gesang zu hören, und daß selbst die Steine zu Apollos Musik zu tanzen anfingen.

Für die Menschen dieser Zeit waren Flüsse, Bäume, Berge und Steine lebendige Wesen, die alle ihre Schutzgeister hatten. Man nannte sie Nymphen.

Die Najaden, zum Beispiel, waren die Wassernymphen. Sie wohnten an Quellen und in Grotten, sorgten dafür, daß das Wasser klar und rein bleibt, und bestraften denjenigen, der es wagte, die Gewässer zu verunreinigen, denn das war streng verboten. Im Gebirge lebten die scheuen Bergnymphen, die Oreaden. Sie beschützten die Pflanzen und Tiere in den Bergen und Wäldern. Jeder Baum hatte seine eigene Nymphe, seine Dryade. Sie wohnte im Baum, und wenn jemand dem Baum weh tat, wurde auch sie verletzt.

Orpheus verliebte sich in eine solche Waldnymphe. Sie hieß Eurydike und war bekannt ob ihrer Schönheit und Güte.

Zur Hochzeit von Orpheus und Eurydike waren die Schwestern der Braut eingeladen, und sogar Hymenaios, der Hochzeitsgott selbst, erschien zum Fest. Doch während der feierlichen Hochzeitszeremonien fiel den Gästen auf, daß die Fackel, die Hymenaios in seiner Hand schwenkte, immer schwächer und schwächer leuchtete. Dies galt als böses Zeichen. Beunruhigt verließen Eurydikes Schwestern den Saal.

„Das bedeutet Unglück, wenn der Schein der Hochzeitsfackel schwächer wird, statt heller aufzuleuchten“, flüsterte die ältere Schwester.

„Unglück für Eurydikes Hochzeitstag!“ rief die jüngere Baumnymphe.

Im selben Augenblick ergriff die ältere ihren Arm. Sie wies erschrocken hinaus auf die nahegelegene Waldlichtung: „Dort ist ein Mann! Jetzt hat er sich hinter den Bäumen versteckt. Ich glaube, es ist ein Hirte.“

„Warum erschrickst du? Es sind doch viele Hirten hier, um Eurydike Glück zu wünschen.“

„Aber dieser dort glich Aristaios!“

„Aristaios? Er, der Eurydike heiraten wollte und den sie nicht erhört hat?“

„Ja, genau der!“

„Er wird ihr doch nichts antun wollen?“

Gerade da kam Eurydike ins Freie und näherte sich den Schwestern.

„Wir sagen ihr nichts von der Gestalt am Waldesrand!“ flüsterten die Baumnymphen einander zu. „Wer weiß, vielleicht haben wir uns getäuscht.“

„Hier seid ihr ja“, lächelte Eurydike. „Ich habe euch schon vermißt.“

„Bist du gekommen, um nach uns zu sehen?“ fragte die jüngere Schwester und legte liebevoll ihren Arm um Eurydikes Schulter.

„Nicht nur deshalb! Ich habe die Botschaft bekommen, daß mir ein Hirte ein Hochzeitsgeschenk geben möchte. Er ist aber zu schüchtern, um den Festsaal zu betreten, und will dort am Waldrand auf mich warten.“

„Ich bitte dich, Eurydike, geh nicht hin!“ rief die ältere Schwester.

„Warum denn nicht? Wer sollte wohl einer Braut an ihrem Hochzeitstag Böses wollen?“ fragte Eurydike und lächelte glücklich.

„Dann laß uns mit dir gehen!“

Aber Eurydike machte eine abwehrende Handbewegung: „Der Hirte ließ mich bitten, allein zu kommen, weil seine Gabe so bescheiden sei und er deshalb nicht wolle, daß andere Hochzeitsgäste sie sähen. Darum ist es wohl besser, ihr bleibt hier. Es ist ja nicht weit bis zum Waldrand.“

Sie winkte fröhlich und ging auf die Wiese zu. Die Schwestern folgten Eurydike mit ihren Blicken. Sie war so schön, wie sie da zwischen den blühenden Blumen einherschritt, und sie sah so glücklich aus.

„Eurydike wird wohl recht haben“, sagte die jüngere Schwester. „Wer sollte schon auf den Gedanken kommen, ihr etwas anzutun?“

„Doch warum kommt ihr der Hirte nicht entgegen und überreicht ihr sein Geschenk?“

Jetzt war Eurydike mitten auf der Wiese stehen geblieben und blickte suchend um sich. Da vermeinte die jüngere Schwester eine Bewegung zwischen den Grashalmen zu bemerken.

„Eine Schlange“, flüsterte sie erschrocken. In diesem Augenblick schnellte tatsächlich eine Schlange aus dem Gras hoch und zischte.

„Eurydike!“ riefen die Schwestern verzweifelt.

Aber es war zu spät. Die Schlange hatte Eurydike bereits in die Ferse gebissen. Mit einem Schmerzensschrei sank sie zu Boden.

Gleichzeitig huschte der Schatten einer männlichen Gestalt in den Wald und verschwand hinter den Bäumen. Es war Aristaios.

Aufgeregt rannten die Schwestern auf Eurydike zu. Neben ihrer regungslosen Gestalt stand plötzlich ein riesenhafter Fremdling. Er blickte ihnen mit ernsten Augen entgegen.

„Eure Schwester Eurydike ist tot. Ich bin gekommen, um sie von hier wegzuführen“, erklärte er.

„Wer bist du?“ fragte die jüngere Schwester.

„Ich bin Hermes. Ich begleite die toten Seelen in die Unterwelt.“

Er beugte sich über Eurydike: „Steh auf, Eurydike!“ sagte er mit leiser Stimme und strich ihr mit sanfter Hand über die Stirn.

Eurydike schlug die Augen auf und sah ihn an. Langsam erhob sie sich. „Das alles ist so wunderlich, so fremd“, flüsterte sie. „Wohin führst du mich?“

„Ins Reich des Hades, zu den Toten“, antwortete Hermes und reichte ihr die Hand. „Komm, ich werde dich geleiten.“

„Dürfen wir nicht Abschied nehmen?“ fragte die ältere der Schwestern.

Da schüttelte Hermes den Kopf. „Sie ist nicht länger eine von euch. Sie kann euch nicht mehr hören.“ Behutsam legte Hermes seinen Arm um Eurydike, und lautlos führte er sie weg. Bald waren die beiden im Abendnebel verschwunden.

Die Schwestern konnten noch immer nicht fassen, was geschehen war. Da hörten sie plötzlich eine Stimme, die Eurydikes Namen rief. Es war Orpheus.

„Hat jemand von euch Eurydike gesehen?“ fragte er. „Mir war, als hörte ich sie rufen. Wo ist sie?“

Die Schwestern brachten kein Wort über die Lippen. Mit gesenkten Köpfen standen sie da und weinten.

„Tränen am Hochzeitstag eurer Schwester?“ flüsterte Orpheus. „Was soll das bedeuten? Warum antwortet ihr mir nicht?“

Als die Schwestern noch immer nichts sagten, griff er nach dem Arm der älteren und zwang sie, ihm ins Gesicht zu sehen. „Ist Eurydike etwas zugestoßen? So sprich doch endlich!“

„Eurydike, deine Frau …“

„Nun, was ist mit ihr?“

„Sie ist von einer Schlange gebissen worden …“

„Und? Wo ist sie jetzt?“ unterbrach Orpheus. „Sprich!“

„Hermes hat sie abgeholt und ins Reich der Toten geführt“, antwortete die Schwester leise.

„Ins Reich der Toten?“ Orpheus konnte es nicht fassen. „Meine Eurydike soll mich wirklich für immer verlassen haben? Nein, so grausam kann das Schicksal nicht sein! Das kann und will ich nicht glauben! Eurydike!“ rief er. „Eurydike, wo bist du, Eurydike?!“

Außer sich vor Verzweiflung stürzte er davon, um nach seiner Gattin zu suchen. Noch lange hörten die Schwestern die herzzerreißenden, schmerzerfüllten Rufe, bis diese schließlich im Wald verklangen.

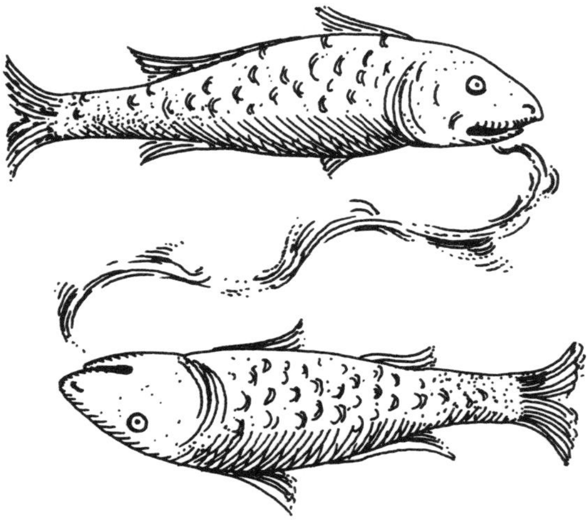

Orpheus im Reich der Toten

Von Kummer und Sorge erfüllt, irrte Orpheus in den Bergen umher. Und da nichts seinen Schmerz zu lindern vermochte, entschloß er sich, die Pforte zur Unterwelt ausfindig zu machen. Er wollte versuchen, seine geliebte Eurydike in die Welt der Lebenden zurückzuholen.

Lange wanderte er gegen Süden, bis er endlich die Vulkane und Grotten erreichte, die den Eingang zur Unterwelt bilden. Er stieg hinunter und kam ins dunkle Land der Kimmerier, in dem niemals die Sonne scheint. Schwarze Pappeln säumen den Weg zu den Wiesen voll bleicher Lilien, wo die Schatten der Toten umherwandern.

Der dunkle Fluß Styx, der das Reich des Hades umgibt, lag nun vor Orpheus, und er sah, wie Charon, der alte, mürrische Fährmann, die Toten in seinem abgenützten, undichten Kahn über den Fluß ruderte.

Plötzlich stand ein hochgewachsener Mann mit einem langen, goldenen Stab neben Orpheus.

„Wohin des Weges?" fragte dieser.

„Ins Land der Toten!" antwortete Orpheus.

„Was willst du dort?"

„Ich will zu Hades, dem Beherrscher des Totenreiches, und zu Persephone, der Königin. Bist du Gott Hermes, der Eurydike, meine Gemahlin, dorthin geführt hat?"

„Ja, der bin ich. Eurydike ist schon am anderen Ufer des Flusses." Er blickte Orpheus forschend an. „Was hast du vor?"

„Ich will versuchen, Hades zu bewegen, mir Eurydike zurückzugeben."

Karte I: Sternbilder WASSERMANN (oben) und STEINBOCK (unten). *Besonders gut sichtbar z.B. am 1. Oktober gegen 22 Uhr. Blick* Richtung Süden. *Am 1. November sieht man das Sternbild an derselben Stelle am Himmel bereits um 20 Uhr, am 1. Dezember bereits um 18 Uhr! (Um diese Jahreszeit wird es schon sehr früh dunkel.)*

„Kein Lebender darf über den Fluß des Todes setzen. Das weißt du doch."

„Laß mich versuchen, Charon mit Hilfe meiner Lyra umzustimmen", bat Orpheus.

„Selbst wenn es dir gelingen sollte, über den Fluß Styx zu kommen – am anderen Ufer wartet der fürchterliche Hund Kerberos nur darauf, dich in Stücke zu reißen", warnte Hermes und wies auf die gegenüberliegende Seite des Flusses.

Dort erhob sich jetzt der riesenhafte Hund mit seinen drei schrecklichen Köpfen. Aus dem Körper des Untiers wuchsen grauenvolle Schlangen, und ein häßlicher, feuerspeiender Drache war sein Schwanz. Giftiger Schaum triefte aus den drei widerwärtigen Mäulern. Kerberos stieß ein dröhnendes, schauriges Gebell aus.

„Wagst du es wirklich, diesem Untier gegenüberzutreten?" fragte Hermes.

Orpheus blieb entschlossen: „Ich muß es wagen! Ohne Eurydike kann ich nicht leben." Langsam schritt er zum Fluß hinunter.

„Warte! Ich gehe mit dir!" rief ihm Hermes nach. „Doch eines sollst du wissen: Helfen kann ich dir nicht. Im Reich der Toten herrscht einzig und allein Hades."

Orpheus begann auf seiner Lyra zu spielen. Von allen Seiten kamen die Toten herbei, um der Musik zu lauschen. Sogar der unfreundliche Fährmann Charon wurde von den lieblichen Tönen bezwungen, und er ruderte Orpheus bereitwillig über den dunklen Fluß Styx.

Als das Boot am anderen Ufer anlegte, beugte sich Hermes zu Orpheus und flüsterte: „Steig an Land, aber rasch! Beeile dich, bevor Charon sein Tun bereut!"

Für einen Augenblick unterbrach Orpheus sein Lyraspiel und sprang aus dem Boot. Da erscholl sofort das fürchterliche Heulen und wilde Kläffen des Kerberos.

Wie gelähmt stand Orpheus da und starrte auf das Ungetüm.

„Nimm dich in acht!" warnte Hermes. „Spiel weiter!"

Aber Orpheus vermochte nicht, sich zu rühren. „Ich kann nicht", flüsterte er. „Das Blut gefriert mir in den Adern."

„Wenn du aufhörst zu spielen, siehst du deine Eurydike niemals wieder!“ rief Hermes.

Gerade als Kerberos laut aufbrüllend zum Sprung ansetzte, gelang es Orpheus, seiner Lyra einige Akkorde zu entlocken. Sogleich duckte sich der Höllenhund, sein Gebell ging in ein Heulen und Winseln über; langsam kroch er rückwärts, legte sich auf den Boden und versuchte sogar mit seinem giftigen Drachenschwanz zu wedeln.

„Sieh nur, jetzt ist der schreckliche Hund des Hades zahm geworden“, flüsterte Hermes. „Komm, laß uns weitergehen. Doch vergiß nicht: was immer auch geschieht, höre niemals auf zu spielen!“

So wanderte Orpheus weiter durch die Dämmerung des Totenreiches, und die ganze Zeit spielte er auf seiner wunderbaren Lyra. Von den lieblichen Tönen angelockt, tauchten von überallher bleiche Gestalten auf, und andächtig lauschend folgten sie ihm: es waren die Seelen der Toten.

Sogar jene, die im Reich des Hades für ihre Untaten während des Erdenlebens bestraft wurden, erfuhren eine Linderung ihrer Qualen.

Einer von ihnen war Sisyphos, ein Mann, dazu verurteilt, immer und immer wieder einen schweren Stein auf einen Berg hinaufzuwälzen. Nun konnte er auf halbem Wege einige Augenblicke ausruhen, denn der Stein lag kurze Zeit regungslos da, anstatt, wie sonst, sogleich wieder bergabwärts zu rollen. Und Tantalos, der bis zum Hals im Wasser stehen mußte und dem es niemals gelungen war, die Früchte, die auf einem Zweig über seinem Kopf hingen, zu erreichen, konnte dieses einzige Mal eine Frucht pflücken und dadurch Hunger und Durst stillen.

Doch plötzlich schreckte Orpheus zurück, und die Lyra entglitt seinen Händen.

„Was ist denn das?“ flüsterte er entgeistert. Ein abgehackter Kopf schwebte ihm entgegen. Das Angesicht war zu einem teuflischen Grinsen erstarrt, Schlangen wuchsen aus dem Schädel, ringelten sich nach allen Seiten und stießen drohende, zischende Laute aus.

„Das ist Medusas Haupt. Persephone, die Königin des Hades, schickt es jedem entgegen, der versucht, in die Unterwelt einzudringen“, sagte Hermes. „Aber es ist nicht wirklich, es ist nur ein Trugbild. Spiel weiter!“

Mit Mühe gelang es Orpheus, seiner Lyra einige Töne zu entlocken. Und siehe da: das Haupt verschwand, der Weg war wieder frei. In der Ferne konnte Orpheus schon den Palast des Hades erspähen.

Doch abermals tauchte ein Hindernis auf: Ein gewaltiger Riese wuchs aus dem Nichts empor und versperrte den Weg. Er sah so wild und grausam aus, daß Orpheus zutiefst erschrocken zurückwich.

„Geh weiter!“ ermahnte ihn Hermes. „Dies hier ist nur Orion, der wilde Jäger. Er muß während des Tages seinen Platz am Himmelszelt verlassen, um hier, im Reich des Hades, abzubüßen, was er auf Erden gegen die Tiere verbrochen hat. Spiele, Orpheus, spiele!“

Orpheus griff wieder in die Saiten seiner Lyra – der fürchterliche Riese zog sich zurück und verschwand.

„Dies war das letzte Hindernis“, erklärte Hermes. „Nun kannst du in den Palast hineingehen.“

„Und du?“ fragte Orpheus.

„Ich warte hier. Hades mußt du allein gegenübertreten.“

Auf seiner Lyra spielend, betrat Orpheus die vereinsamten, gespenstisch hallenden Säle des Palastes; hier thronte der düstere Hades, der Gott des Totenreiches, der Gott, der alles Lebende verschwinden läßt. Niemand durfte sein Antlitz sehen: so saß er immer mit abgewandtem Gesicht auf seinem Thron. Ihm zur Seite die Königin, die unerbittliche Persephone.

Als Orpheus sich dem Thron näherte, erhob Persephone gebieterisch ihre Hand: „Du, Fremdling, der du es wagst, ins Reich der Toten einzudringen, erkläre dich: Was ist dein Begehr?“

Abermals griff Orpheus in die Saiten seiner Lyra. Er begann zu singen. Er sang von seiner Verzweiflung über den Verlust von Eurydike, er sang von seiner Liebe und von seiner Sehnsucht nach ihr, einer Sehnsucht, die immerzu größer und unerträglicher wurde. In wahrhaft bezwingenden Tönen bat er den Herrscher des Totenreiches, ihm seine geliebte Gattin zurückzugeben und sie noch einige Jahre auf Erden leben zu lassen. Sollte jedoch seine inständige Bitte kein Gehör finden, dann wolle er, Orpheus, selbst hier im Totenreich verbleiben, um der Geliebten nahe zu sein.

Der Gesang war so ergreifend, daß selbst die gestrenge Königin unendliches Mitleid empfand. Sie wandte sich ihrem Gatten zu, in ihren Augen waren Tränen.

„Orpheus' Gesang hat mich mehr berührt, als ich zu sagen vermag. Ich bitte dich, Hades, gib ihm Eurydike zurück!"

„Auch mich hat sein Gesang sehr bewegt", antwortete der düstere Herrscher des Totenreiches. „Und deshalb, Orpheus, gebe ich dir die Erlaubnis, Eurydike zu den Lebenden zurückzuführen. Aber", fuhr er mit erhobener Stimme fort, „eine Bedingung stelle ich: Kein einziges Mal darfst du sie ansehen, solange ihr im Totenreiche weilt. Erst, wenn ihr ans Tageslicht gelangt seid, ist es dir erlaubt, dich nach ihr umzudrehen. Doch gehorchst du meinen Worten nicht, wendest du dich vorher um, dann verlierst du Eurydike für immer."

„Ich verspreche, sie nicht anzusehen!" rief Orpheus. Voller Freude und Glück bedankte er sich bei Hades für dessen Wohlwollen. „Doch wo ist sie jetzt?" fragte er. „Rundum sehe ich zwar viele Tote, aber Eurydike ist nicht unter ihnen."

„Ihr Fuß ist vom Biß der Schlange noch sehr angeschwollen, deshalb kann sie nur langsam gehen. – Jetzt mach dich bereit für den Weg! Und vergiß nicht: du darfst Eurydike nicht ansehen!"

Laut schallte Persephones Stimme durch den Saal: „Eurydike!"

Orpheus hörte das Geräusch langsamer Schritte hinter sich, und eine tonlose Stimme antwortete: „Hier bin ich, Königin!"

„Dein Gatte Orpheus hat die Erlaubnis bekommen, dich zu den Lebenden zurückzurufen", verkündete ihr Persephone. „Strecke nun deine Hand aus, Orpheus! Und du, Eurydike, leg deine Hand in die seine und folge ihm!"

Dreh dich nicht um

Ohne seine geliebte Eurydike gesehen zu haben, machte sich Orpheus auf den weiten Weg durch die Unterwelt. Aus dem Dunkel drangen seltsam schwirrende Laute, unheimliche, spukartige Gestalten umschwebten ihn, und immer neue Schatten tauchten auf, kreuzten seinen Weg und verschwanden wieder.

Plötzlich stiegen Zweifel in Orpheus hoch: War die Gestalt, die ihm da folgte, wirklich Eurydike, seine Frau?

„Eurydike?“ flüsterte er.

„Ja, Orpheus“, antwortete eine Stimme.

„Deine Stimme klingt so fremd. Bist du wirklich Eurydike, meine Gattin?“

„Ja, Orpheus!“

Doch die Zweifel in Orpheus wurden immer größer.

„Deine Hand, sie fühlt sich nicht so an wie Eurydikes Hand“, sagte er. „Jetzt spüre ich sie gar nicht mehr! Meine Finger greifen nur kühle Luft. Wo bist du? Bist du stehengeblieben?“

„Ich bin so müde“, flüsterte die Stimme kaum hörbar.

Das Ende des Grottenganges konnte nicht mehr weit sein, von oben her schimmerte bereits das Tageslicht. Orpheus kämpfte gegen sein Mißtrauen, doch es gelang ihm nicht, seine Unruhe zu bezwingen.

„Vielleicht bist du nur eine Spukgestalt, die mir folgt!“ rief er ungeduldig. „Eurydike, ich muß mich umwenden, ich muß einfach schauen, ob du es wirklich bist!“

„Nein, Orpheus, nein! Dreh dich nicht um!“ bat die Stimme eindringlich.

„Ich muß!“ schrie Orpheus und wandte sich um.

Da stand Eurydike und blickte ihn mit traurigen Augen an.

„Ach, warum hast du dich umgedreht?“ hauchte sie.

Im selben Augenblick ertönte aus dem Inneren der Unterwelt eine Donnerstimme: „Eurydike ... Eurydike ... Eurydike!“

„Sie rufen mich zurück“, klagte Eurydike. „Leb wohl, mein Geliebter!“ Mit einem letzten liebevollen Blick sah sie Orpheus an, dann sank sie hinunter, zurück ins Reich der Schatten.

Vergeblich versuchte Orpheus der entgleitenden Gestalt zu folgen. Sieben Tage und sieben Nächte saß er am Ufer des Styx. Er aß nicht, er trank nicht. Doch der Fährmann Charon ließ sich nicht mehr erweichen, ihn ein zweites Mal über den dunklen Fluß zu rudern. Orpheus mußte allein seinen Weg in die Welt der Lebenden zurückgehen.

Es wird berichtet, daß er lange Zeit in den Bergen Thrakiens umherwanderte und sang und spielte. Seine Lieder waren immer sehr traurig und wehmütig, denn er konnte seine Eurydike nicht vergessen. Viele Jünglinge versammelten sich um Orpheus, lauschten seinen Gesängen über die Götter und das Totenreich und erlernten von ihm die Kunst des Gesanges und des Saitenspiels.

Doch mit der Zeit wurde Orpheus' Todessucht immer größer, und als er einmal mit der wilden Schar der Mänaden zusammenstieß, leistete er keinen Widerstand. Er ließ sich willig töten. So konnte er endlich mit seiner geliebten Eurydike im Tode vereint sein.

Bei dem Überfall der Mänaden geschah es, daß die Lyra in einen Fluß fiel. Sie wurde von der Strömung erfaßt und bis ins Meer gespült. Und den ganzen Weg entlang, die ganze Zeit über, ertönten ihre wunderbaren Klänge. Bis hinauf zum Olymp, wo Gott Zeus wohnte, waren sie zu hören.

Da nach Orpheus niemand als würdig erachtet wurde, die Lyra zu besitzen, schickte Zeus einen heiligen Geier zur Erde, um das Instrument zu holen. Zur Erinnerung an den großen griechischen Sänger Orpheus machte der Göttervater Zeus die wunderbare Lyra zu einem Sternenbild und setzte sie eigenhändig zu den anderen Sternen an das Himmelszelt.

Eine mißglückte Überraschung

„Schaut, dort oben am Himmel können wir die Lyra sehen", sagte Onkel Martin und zeigte auf dieses schöne kleine Sternbild. „Man findet die Lyra am westlichen Rand der Milchstraße und erkennt sie leicht an einem hellen, blauleuchtenden Stern. Wißt ihr vielleicht noch, wie dieser Stern heißt?"

„Das ist die Vega", sagte Jan. „Du hast sie uns im Sommer gezeigt."

„Ja. Aber daß die Lyra zwei verschiedene Namen hat, das hab ich euch wohl noch nicht erzählt. Man nennt sie nämlich auch ‚Geier', und zwar nach dem Vogel, der sie in den Himmel hinaufgeholt hat. Auf einer alten Sternenkarte hab ich einmal dieses Bild eines Geiers gesehen, der die Lyra in seinen Fängen hält."

„Toll!" rief Kristoffer. „Also diese Orpheusgeschichte war wirklich spannend. – Aber eigentlich auch recht traurig!"

„Na, Jenny, wie hat sie denn dir gefallen?" wollte der Onkel wissen.

Aus Jennys Richtung kam ein verdächtiges Schnupfgeräusch.

„Unheimlich gut hat mir die Geschichte gefallen." Jenny wischte sich verstohlen ein paar Tränen von den Wangen. „Gar so traurig war sie doch gar nicht!" versicherte sie.

„Na, dann ist ja alles in Ordnung!" sagte der Onkel. „Und jetzt überlegt einmal: Ihr wohnt in Stockholm. Habt ihr da nicht schon irgendwo eine Orpheus-Statue gesehen?"

Die Kinder dachten nach.

Plötzlich rief Jan: „Natürlich! Vor dem Konzerthaus! Daß mir das nicht gleich eingefallen ist!"

Karte II: Sternbilder WIDDER (links) und FISCHE (rechts). *Besonders gut sichtbar z.B. am 1. Oktober gegen 20 Uhr – Blick* Richtung Osten. *Am 15. Oktober bereits um 19 Uhr an derselben Stelle sichtbar. Am 15. September dagegen erst um 21 Uhr.*

„Genau! Dort steht Orpheus mit seiner Lyra und spielt für die Toten, die ihn umschweben. Wenn ihr wieder einmal dort in der Nähe seid, solltet ihr euch diese Statue ansehen. Sie ist wunderschön."

Kristoffer war begeistert: „Ja, das machen wir bestimmt!" versprach er.

Mit einer neuen Geschichte wurde es an diesem Abend nichts mehr, denn die Kinder mußten schleunigst ins Bett. Sie hatten nämlich versprochen, am nächsten Morgen zeitig aufzustehen, um bei den Herbstarbeiten im Garten mitzuhelfen: das Laub mußte zusammengerecht, die Äpfel gepflückt und in Körbe gelegt werden, und Papa brauchte Hilfe beim Anlandziehen und Zudecken des Ruderbootes. Das war eine Menge Arbeit.

So verging der nächste Tag wie im Flug, und bis endlich alles Notwendige erledigt war, dämmerte es bereits. Mama mußte ein paarmal zum Abendessen rufen, denn alle drei Kinder schienen plötzlich wie vom Erdboden verschluckt. Als sie endlich auftauchten, tuschelten sie aufgeregt miteinander und taten sehr geheimnisvoll.

Nach dem Geschirrwaschen fragte Jenny mit verdächtig unschuldiger Miene, ob Onkel Martin vielleicht noch mit ihnen spazierengehen wolle? Er hatte nichts dagegen, und so zogen sie zu viert los.

„Aber das ist doch der Weg hinunter zur Schiffsstation", stellte der Onkel verwundert fest. „Was in aller Welt sollen wir dort so spät am Abend?"

„Du wirst schon sehen, hab Geduld!" rief Kristoffer.

„Das ist eine Überraschung", kicherte Jenny.

Jan lief voraus. „Achtung!" warnte er. „Seid vorsichtig, wenn ihr über den Bootssteg geht. Da ist ein Brett locker!"

„Was ist denn das für eine Heimlichtuerei?" schmunzelte der Onkel. „Was habt ihr vor?"

„Das wirst du gleich sehen, warte nur noch ein bißchen." Jan zog den Feldstecher aus seiner Jackentasche.

„Aha, ich vermute, es dreht sich wieder einmal um den Himmel. Ihr werdet doch nicht etwa einen neuen Kometen entdeckt haben?"

„Wer weiß? – Wart's nur ab!" sagte Jenny geheimnisvoll.

Kristoffer zupfte Jan ungeduldig am Ärmel: „Na, Jan, hast du ihn schon gefunden?"

„Gar nichts hab ich gefunden!" knurrte Jan. „Überhaupt nichts."

„Aber du hast doch gesagt, daß man ihn von hier aus sehen kann!"

„Klar hab ich das gesagt. Ich hab mir doch vorher auf der Sternenkarte alles ganz genau angeschaut. Was kann ich denn dafür, wenn ausgerechnet jetzt die einzige Wolke am ganzen Himmel dort alles verdeckt."

„So ein Pech!" Kristoffer war ganz enttäuscht.

„Und dabei haben wir uns alles so schön ausgedacht!" seufzte Jenny.

Nun war es aber höchste Zeit für Onkel Martin, seine Neugierde kundzutun. „Wollt ihr mir nicht endlich sagen, worum es geht?" fragte er.

„Weißt du, Onkel, wir haben uns das so schön ausgedacht, und jetzt macht uns diese dumme Wolke einen Strich durch die Rechnung!" begann Jenny mit der Erklärung. „Du hast doch am 4. April Geburtstag, stimmt's?"

„Ja, das stimmt."

„Wir haben uns ausgerechnet, daß dein Sternbild der Widder ist. Und da wollten wir auf den Himmel zeigen und sagen: Schau, Onkel Martin, dort oben ist dein Sternbild, der Widder! Das wäre doch eine schöne Überraschung gewesen, nicht wahr? Aber jetzt ist natürlich alles verpatzt, weil sich dieses Hornvieh von einem Widder ausgerechnet hinter der einzigen Wolke am Himmel verstecken muß!" schimpfte Kristoffer. „Das ist doch wirklich zu blöd!"

„Macht euch nichts draus", tröstete der Onkel. „Ich finde, das war eine richtig liebe Idee von euch. Und jetzt müßt ihr mir genau erzählen, wie ihr es angestellt habt, den Widder ausfindig zu machen!"

„Also: zuerst haben wir auf die Sternenkarte geschaut", erklärte Kristoffer stolz. „Obwohl der Widder ja dort einen ganz anderen Namen hat. Was ist dort gestanden, Jan?"

„Aries."

„Ja, stimmt. Und dann hat Jan ausgerechnet, daß man diesen Aries genau im Osten gut sehen muß. Deshalb sind wir auch hierher, auf den Bootssteg, gegangen – obwohl ich ja viel lieber auf den Berg gekraxelt wäre!"

„Nun, das hat Jan ganz richtig ausgerechnet", lobte der Onkel. „Von hier aus müßte man den Widder um diese Zeit sehen können. Aber laßt uns eine Weile warten; der Widder steigt ja immer höher und höher und kommt sicher bald aus diesem Wolkenstreifen am Horizont heraus."

„Und während wir warten, kannst du uns die Geschichte vom Widder erzählen", schlug Jenny vor und setzte sich gleich neben den Onkel auf die Bank.

Der nickte fröhlich. „Ich finde es wirklich großartig, wie ihr euch das alles ausgedacht habt!" lobte er die Kinder noch einmal.

„Das mit dem Widder war Jennys Idee", gestand Kristoffer edelmütig. „Übrigens – ist ein Widder ein männliches Schaf oder eine männliche Ziege?"

„Ein Widder, auch Hammel genannt, ist ein männliches Schaf, ein Schafbock also", erklärte der Onkel. „Und die Geschichte von unserem Widder ist wohl besser bekannt als die Erzählung vom Goldenen Vlies. Sie beginnt wie ein richtiges Märchen."

„Es war einmal ein König ...", machte sich Kristoffer lustig.

„Jaja, wenn ihr wollt, kann ich so anfangen", lachte der Onkel. Und er begann zu erzählen.

Der fliegende Widder

Es war einmal ein König, der herrschte über Orchomenos, eine mächtige und einflußreiche Stadt im alten Böotien. Er hieß Athamas. Nephele, die Tochter des Sonnengottes Helios, hatte ihn zu ihrem Gemahl auserwählt und wurde seine Königin. Das Paar bekam zwei Kinder: einen blondlockigen Buben, der Phrixos hieß, und ein dunkeläugiges Mädchen namens Helle. Die beiden Kinder wurden von ihren Eltern über alles geliebt.

Doch nach einiger Zeit verließ der König seine Gemahlin und heiratete die schöne Prinzessin Ino. Da durfte Nephele, die Mutter der Kinder, nicht mehr länger auf der Erde bleiben, sie mußte wieder zurückkehren zur Wohnstatt der Götter.

Die neue Königin Ino brachte auch zwei Kinder zur Welt, und sie wollte, daß ihre beiden Söhne später einmal das Reich erbten. Deshalb begann sie zu überlegen, wie sie Phrixos und Helle loswerden könne. Es war ihr klar, daß sie sehr vorsichtig zu Werke gehen mußte; niemand durfte bemerken, daß sie Böses im Schilde führte, denn Phrixos und Helle wurden von jedermann im Lande geliebt.

Eines Tages verfiel sie auf einen teuflischen Plan: Mit Hilfe eines gefährlichen Mittels ließ sie in aller Heimlichkeit im ganzen Land die Getreidesaat vergiften, so daß das Korn nicht auskeimen konnte und es zu einer Mißernte kam. Eine Hungersnot brach aus, und die Königin verbreitete das Gerücht, daß Phrixos und Helle schuld an diesem Unglück seien, da die Götter den beiden Kindern zürnten.

Das Gerücht verbreitete sich in Windeseile. Alle wollten wissen, welch schreckliche Missetaten Phrixos und Helle begangen hätten, daß ein ganzes Land dafür bestraft werden sollte. Das war ein Getuschel und Gerede! Schließlich war es nicht länger zu vermeiden, daß selbst die beiden Kinder von den Gerüchten hörten, die im Volk und auch im Palast umgingen.

„Was haben wir getan, Phrixos?“ fragte Helle. „Wieso will denn niemand mehr mit uns reden?“

„Es ist wegen der Hungersnot“, antwortete ihr Bruder.

„Aber wir können doch nichts dafür!“

„Die Leute glauben es.“

„Wieso denn?“

„Irgendjemand hat gesagt, die Götter seien uns böse gesinnt.“

„Glaubst du, war es unsere Stiefmutter, die das gesagt hat? Die Königin Ino?“

„Psst! Nenne nicht ihren Namen!“ flüsterte Phrixos. „Wir dürfen hier nicht so laut sein. Komm, wir gehen hinaus auf die Weide, zu den Schafen. Dort kann niemand hören, was wir reden, und wir sind unserer Stiefmutter aus den Augen.“

Phrixos nahm seine kleine Schwester bei der Hand und führte sie hinaus zu den weiten Feldern, wo die Schafe weideten und des Himmels frische Winde über die Landschaft wehten. Dort trafen die Kinder einen armen Hirtenknaben, der sein trockenes Brot mit ihnen teilte und ihnen einen zerschlissenen Mantel lieh, zum Schutz vor der nächtlichen Kühle.

Die Hungersnot im Lande wurde immer schlimmer. Der König wußte sich keinen Rat mehr, und so sandte er einige Boten zum Orakel nach Delphi, um den Willen der Götter zu erkunden.

Alles verlief genau so, wie es sich die böse Königin zurechtgelegt hatte: Es gelang ihr, die heimkehrenden Boten mit kostbaren Geschenken zu bestechen und sie zu veranlassen, dem König nicht den wahren Orakelspruch zu verkünden, sondern ihm das vorzulügen, was sie ihnen auftrug.

So erhielt der König die Kunde, daß es nur einen einzigen Weg gäbe, den Zorn der Götter zu besänftigen: Phrixos und Helle mußten als Opfer dargebracht werden.

Der König war verzweifelt. Nein, von solch einem Opfer wollte er nichts wissen!

Doch die Königin gab nicht auf. Sie fuhr fort, böse Gerüchte zu verbreiten und das Volk aufzuhetzen. Immer mehr Menschen versammelten sich schließlich vor dem Königspalast. Ihr mißmutiges Gemurmel wurde immer lauter und bedrohlicher.

„Es ist der Götter Wille! Die beiden Kinder müssen geopfert werden!“ riefen einige.

„Der König muß den Göttern gehorchen!“ schrien andere. „Wir wollen nicht länger Hunger leiden!“

Und dann vereinigten sich die Stimmen zu einem einzigen Aufschrei: „Der König muß Phrixos und Helle opfern.“

Da war der König zum Nachgeben gezwungen. Er ließ die beiden Kinder zu sich rufen. Am nächsten Morgen, noch vor Sonnenaufgang, führte er sie in den Vorhof des Tempels. Traurigen Herzens nahm er Abschied von ihnen und ließ sie allein zurück.

Still standen die Kinder da und blickten zum Tempel hin. Dort waren die Priester bereits versammelt. Phrixos und Helle wußten, daß sie sogleich nach Sonnenaufgang zum Altar geholt und geopfert werden würden. Schon leuchtete der Himmel blutrot, das Tageslicht kündigte sein Kommen an. Jetzt ertönte vom Tempel her der dumpfe Laut der Trommeln: der Augenblick der Opferhandlung rückte näher und näher.

„Liebe, liebe Sonne, warte noch ein bißchen. Bitte, geh noch nicht auf!“ flüsterte Helle und blickte zum Himmel, wo soeben die ersten Sonnenstrahlen hervorbrachen. Gleichzeitig setzten sich die Priester in Bewegung und kamen aus dem Tempel.

Helle jedoch bemerkte die Priester nicht. Aufgeregt zeigte sie zum Himmel hinauf und rief: „Da, Phrixos, schau doch, was für ein großer Vogel dort geflogen kommt! Ein goldener Vogel! So einen hab ich noch nie gesehen!“

Phrixos schüttelte den Kopf: „Das ist kein Vogel.“ Er überlegte: „Aber – was kann es sonst sein? ... Ja, nun sehe ich es!“ rief er. „Das ist ein Widder. Ein fliegender Widder!“

Und Phrixos hatte recht. Was sich da im Osten sonnengleich über die Berge erhob und auf den Tempel zukam, war kein Vogel, sondern ein goldener Widder. Er flog sehr schnell, und bevor noch die Priester Phrixos und Helle erreicht hatten, steuerte er auf sie zu und landete mitten auf dem Tempelhof.

Mit einem Schreckensschrei stürzten die Priester nach allen

Richtungen davon. Die beiden Kinder aber standen verwundert da und betrachteten andächtig das goldgelockte Tier.

„Wie schön er ist", flüsterte Helle. „Was glaubst du – läßt er sich von mir streicheln?"

Da legte der Widder den Kopf zur Seite und schaute mit einem freundlichen Blick aus seinen klugen, goldfarbenen Augen auf das kleine Mädchen.

„Du darfst mich gerne streicheln!" blökte er.

Da blieb Helle vor Erstaunen der Mund offen.

„Du kannst ja sprechen!" rief sie verwundert.

„Natürlich. Warum sollte ich das nicht können?" antwortete der Widder, und fast hörte es sich so an, als würde er lachen.

„Aber ich hab noch nie einen Schafbock gesehen, der reden kann", versicherte Helle.

„Und ich keinen, der fliegt!" stimmte Phrixos bei.

„Nun, ich bin eben kein gewöhnlicher Schafbock", erklärte der Widder. „Ich komme vom Olymp, wo die Götter wohnen. Eure Mutter hat mich hierher geschickt, um euch zu helfen."

„Wie heißt du denn?" wollte Phrixos wissen.

„Man nennt mich Aries", antwortete der Widder. „Doch jetzt kommt, setzt euch schleunigst auf meinen Rücken! Wir müssen fortfliegen, bevor die Priester zurückkommen."

Die Kinder zögerten. Im nächsten Augenblick war vom Tempel her ein immer lauter werdendes Gemurmel zu hören. Die Priester hatten sich von ihrem Schreck erholt und kamen langsam näher.

„Beeilt euch", flüsterte der Widder. „Jetzt ist es höchste Zeit!"

So schnell er konnte, hob Phrixos seine kleine Schwester empor und setzte sie auf den Rücken des Widders. Dann sprang er selbst hinauf.

„Haltet euch ordentlich an meinem Fell fest. Jetzt geht es los!" rief der Widder und trabte mit gesenktem Kopf über den Tempelhof, direkt auf die Priester zu. Die stoben erschrocken auseinander, Aries aber erhob sich mit den beiden Kindern triumphierend in die Lüfte.

„Schau, Helle, da unten stehen sie alle miteinander und

gaffen uns nach!“ Phrixos mußte über die verblüfften Gesichter der Priesterschar hellauf lachen.

„Schaut nicht hinunter! Ihr könnt sonst schwindlig werden und abstürzen“, mahnte der Widder. „Auf gar keinen Fall dürft ihr hinunterschauen!“

„Keine Angst!“ rief Phrixos. „Ich halte mich in deinem Nackenfell fest, Helle sitzt hinter mir und schlingt ihre Arme um mich.“

„Aber ihr müßt mir versprechen, nicht hinunterzuschauen“, verlangte der Widder.

„Wir versprechen es“, gelobte Phrixos.

„Ja, ganz bestimmt!“ Helle bohrte voller Entzücken ihre kleinen Zehen noch tiefer in den dichten lockigen Pelz des Widders.

„Wohin fliegen wir eigentlich?“ erkundigte sich Phrixos nach einer Weile.

„In das Land, wo die Sonne aufgeht. Dort ist euer Onkel Aietes der König.“

„Ist es weit bis dorthin?“ wollte Helle wissen.

„Ziemlich weit.“

„Dann ist es gut!“ rief das Mädchen. „Es ist nämlich ganz herrlich, so zu fliegen.“

Sie flogen weiter, über Berge, Täler und Meere, und die Kinder genossen diese wunderliche Fahrt auf dem Rücken des goldenen Widders. Sie hielten ihr Versprechen und hüteten sich, hinunterzuschauen. Manchmal erzählte ihnen der Widder, wie es dort unten aussah.

Als sie nach einiger Zeit zu dem Sund kamen, der Griechenland von Kleinasien trennt, hörten sie plötzlich vom Meer her einen lieblichen Gesang.

„Wer singt denn hier so wunderschön?“ fragte Helle neugierig.

„Das sind die Nereiden, die Töchter des Meeresgottes Nereus“, erklärte der Widder.

„Die Seejungfrauen!“ rief Helle begeistert. „Von denen hab ich schon oft gehört. Die würde ich gerne einmal sehen!“ Sie vergaß für einen Augenblick ihr Versprechen und beugte sich neugierig vor, um etwas von den schönen Töchtern des Meeresgottes zu erspähen.

„Nicht hinunterschauen!" rief der Widder.

Doch seine Warnung kam zu spät. Helle hatte sich zu weit zur Seite gebeugt und den Halt an ihrem Bruder verloren. Mit einem erschreckten Aufschrei stürzte sie ins Meer.

„Helle!" schrie ihr Bruder verzweifelt. „Helle!"

„Halte dich fest, Phrixos, halte dich fest!" keuchte der Widder.

„Aber sie ist hinuntergefallen! Meine kleine Schwester ist ins Meer gestürzt", schluchzte Phrixos.

„Schau ihr nicht nach!" ermahnte ihn der Widder. „Und sei nicht traurig! Deine kleine Schwester hat sich nicht weh getan. Die Seejungfrauen werden sich ihrer annehmen. Jetzt schaukelt sie schon mit ihnen auf den Wellen. Hör nur, wie sie alle fröhlich lachen!"

Phrixos lauschte, und es war ihm, als könne er zwischen dem Brausen der Meereswogen wirklich das glückliche Lachen seiner Schwester hören.

Der Sund, in welchen die kleine Prinzessin gestürzt war, bekam später ihren Namen: er wurde Hellespont genannt.

Phrixos hätte gerne selber gesehen, wie seine Schwester auf den Meereswellen schaukelte, doch er hütete sich, hinunterzuschauen. Tapfer kämpfte er gegen seine aufsteigenden Tränen, und mit festem Griff umklammerte er den Hals des Widders. So ging die Reise weiter über das große Schwarze Meer. Schließlich erreichten sie das Land Kolchis, welches am Fuße der wilden Berge des Kaukasus liegt.

Im selben Augenblick, da der Widder auf den Strand zusteuerte, tauchte ein Delphin aus dem Meer. Er winkte eifrig mit seinen Flossen und stieß laute Rufe aus. Der Widder streckte seine Beine dem Boden entgegen und landete im weichen Sand.

„So, jetzt spring hinunter, Phrixos!"

Phrixos sprang vom Widderrücken und schaute neugierig auf den Delphin. Der schnellte mit einem geschmeidigen Sprung aus dem Wasser und stieß helle, fröhliche Laute aus.

Der Widder lachte: „Ich glaube, der Delphin will mit uns reden!“

„Verstehst du denn seine Sprache?“ wunderte sich Phrixos.

„Aber natürlich“, antwortete der Widder. „Der Delphin kommt mit einer Botschaft von deiner Schwester.“

„Und? Was sagt er denn?“ wollte Phrixos wissen.

„Er sagt, daß die Nereiden Helle bei sich aufgenommen haben und daß sie bei ihnen bleiben will. Sie hat bereits gelernt, wie eine Seejungfrau zu schwimmen.“

„Da hätte sie doch selber herkommen und alles erzählen können!“ Phrixos war enttäuscht.

„Sie will so gern mit all den Muscheln, Perlen und Korallen spielen, die sie geschenkt bekommen hat. Deshalb hat sie den Delphin geschickt“, erklärte der Widder.

Phrixos mußte lachen: „Das sieht meiner kleinen Schwester ähnlich! Lieber Delphin“, bat er dann, „paß bitte ordentlich auf sie auf!“

Der Delphin setzte zu einem Sprung an und spritzte als Antwort eine Wasserkaskade hoch in die Luft. Dann tauchte er ins Meer und verschwand.

„Laß meine Schwester schön grüßen!“ rief Phrixos und winkte, aber der Delphin war schon fort.

Der Widder stieß den Buben mit seiner Stirne an.

„Jetzt schau einmal dort hinüber“, forderte er Phrixos auf. „Siehst du die Burg? Dort wohnt dein Onkel Aietes.“

Phrixos erblickte eine große und mächtige Burg, die sich am Fuße eines Berges erhob.

„Gehen wir jetzt dorthin?“ wollte er wissen.

Der Widder schüttelte den Kopf. „Zuerst muß ich mit dir über etwas sehr Wichtiges reden. Hör gut zu: Du darfst niemandem verraten, daß ich sprechen kann! Hierzulande müssen alle glauben, ich sei ein ganz gewöhnliches Schaf.“

„Warum denn das?“

„Weil du mich dem König als Geschenk übergeben sollst. Und du mußt ihm sagen, er möge mich Gott Zeus opfern. Und dann soll er mein Fell in seinem heiligen Hain aufhängen.“

„Nein, da mache ich auf keinen Fall mit!“ rief Phrixos und

strich dem Widder liebevoll über das Fell. „Du darfst nicht geopfert werden! Niemals!“

„Deine Mutter hat es so bestimmt, als sie mich zur Erde schickte, um euch zu helfen“, erklärte der Widder sehr ernst. „Sei nicht traurig – schau, ich werde ja weiterleben, wenn auch nicht hier auf Erden.“

„Wie sollst du denn ohne dein Fell weiterleben können?“ Phrixos sah zu Boden, damit der Widder die Tränen in seinen Augen nicht bemerken sollte.

Der stupste den Buben mit seiner weichen Schnauze an und lachte. „Hast du denn noch nie eine Schlange beobachtet, die aus ihrer alten Haut geschlüpft ist und darunter schon eine schöne neue hat?“ fragte er mit schlauem Blick. „Warte nur, du wirst schon sehen!“

Noch bevor Phrixos den Mund öffnen konnte, um zu antworten, hörte er Stimmen. Zwei Mädchen kamen von der Burg her gelaufen.

„Das müssen die Töchter von König Aietes sein“, flüsterte der Widder. „Versprichst du zu tun, worum ich dich gebeten habe?“

„Das muß ich wohl“, flüsterte Phrixos und schlang seine Arme um den Hals des Widders. „Hab Dank, lieber Aries, daß du gekommen bist, um uns zu helfen!“

Und gleichsam um zu beweisen, daß er ab jetzt nur noch ein ganz gewöhnlicher Schafbock sei, begann Aries das Gras am Strand zu fressen und gab ab und zu ein vergnügtes Blöken von sich.

Mit fliegenden Haaren näherten sich die beiden Schwestern.

„Welch ein schöner Widder!“ rief die ältere. Sie hatte eine bronzefarbene Haut und fröhlich lachende Augen.

Die jüngere Schwester, die nachfolgte, sah viel ernster aus. Kohlschwarzes Haar fiel ihr dicht und schwer über die Schultern, und ihre dunklen Augen waren mit eigenartigen Goldtupfen übersät.

„Ist das dein Schaf?“ fragte sie.

Phrixos nickte.

„Wie heißt du denn?“

„Phrixos."

„Phrixos!" rief die ältere Schwester. „Phrixos heißt du? Da bist du ja unser Verwandter. Wir erwarten dich schon. Vater hat uns gesagt, daß du kommen wirst. Ich heiße Chalkiope, und das ist meine Schwester Medea."

Medea musterte den Widder. „Kann der sprechen?" fragte sie plötzlich.

Phrixos bekam einen roten Kopf und wußte nicht, was er sagen sollte. Doch der Widder beeilte sich, lauthals zu blöken. Da mußte Chalkiope lachen.

„Medea kommt oft mit so wunderlichen Fragen daher. Solch einen schönen Widder haben wir noch nie zuvor gesehen. Schau nur, welch feines, goldgelocktes Fell er hat!"

„Genauso schöne Locken wie Phrixos", sagte Medea und tätschelte den Widder.

Da ertönte von weitem eine Stimme: „Chalkiope, Medea!"

„Das ist Vater!" Chalkiope lief dem großgewachsenen Mann entgegen, der soeben zwischen den Hügeln auftauchte. „Vater, schau nur, Phrixos ist hier!"

Der Mann kam näher und sah den Jungen forschend an. „Wie heißt deine Mutter?" fragte er.

„Nephele", antwortete Phrixos.

„So bist du wirklich der Sohn meiner Schwester! Sei willkommen bei uns in Kolchis. Ich bin König Aietes, dein Onkel."

In des Königs dunklen Augen leuchtete derselbe eigenartige Goldschein wie in Medeas Augen – ein Erbe seines Vaters, des Sonnengottes Helios. Aietes hatte kohlschwarzes Haar und ein ernstes, bleiches Gesicht.

Phrixos fühlte sich befangen und unsicher vor seinem Onkel, der so streng aussah. Er wußte nicht, was er sagen sollte; doch der Widder stupste ihn auffordernd an und blökte. Da fiel Phrixos ein, was ihm aufgetragen worden war.

„Dieser Widder gehört dir, König Aietes", erklärte er. „Meine Mutter läßt dir sagen, daß du ihn Gott Zeus opfern sollst."

Der König lächelte: „Was für ein prachtvolles Tier du mir da schenkst. Wohl wert ist es, dem Herrn des Himmels geopfert zu werden! – Und du sollst sehen, wie sehr ich dein Geschenk schätze. Zum Dank verspreche ich dir schon jetzt, daß du später einmal meine älteste Tochter Chalkiope zur Frau bekommen sollst."

„Aber Vater!" rief Chalkiope. „Zuerst mußt du ihn wohl fragen, ob er mich überhaupt will!"

Phrixos blickte auf das Mädchen mit den frohen Augen, und es wurde ihm plötzlich ganz warm ums Herz.

„Ich glaube schon, daß ich das will!" sagte er etwas verlegen, und dann brachen beide in Lachen aus.

Nur Medea lachte nicht. Trotzig blickte sie zu Boden und schmollte: „Ich möchte auch einmal einen Mann mit solch schönen blonden Locken haben", murmelte sie leise. Chalkiope umarmte ihre kleine Schwester und flüsterte ihr zu: „Warte nur! Wenn du groß genug bist, findet Vater bestimmt auch für dich einen Mann mit ebenso schönen Haaren."

Medea streichelte den Widder und flüsterte ihm etwas ins Ohr. Der antwortete mit einem freundlichen Blöken und folgte willig dem kleinen Mädchen zum heiligen Eichenhain, wo er geopfert werden sollte. Vor dem Hain mußten die Kinder Abschied von dem goldlockigen Widder nehmen und zur Burg zurückkehren. König Aietes selbst führte das Opfertier zum Altar. Da senkte sich plötzlich eine Wolke vom Himmel herab und hüllte den Tempelhain in dichten Nebel. Als sich die Wolke wieder hob, war der Widder verschwunden, und auf dem Altar lag nur noch sein goldenes Fell.

König Aietes verstand dieses Zeichen der Götter sofort: Er ließ das Vlies an der größten Eiche aufhängen und setzte einen fürchterlichen Drachen vor den Baum. Der Drache sollte den Raub dieses kostbaren Schatzes unmöglich machen.

Niemand wagte es, sich dem heiligen Hain zu nähern; allerorten sprach man von dem gefährlichen Drachen.

Eines Abends konnte Phrixos lange nicht einschlafen. Als er dann endlich eingeschlummert war, wurde er durch ein leises Pochen an der Tür geweckt. Er lauschte – da klopfte es wieder.

Leise schlich er zur Tür und öffnete sie. Im hellen Mondschein sah er zwei Gestalten, sie drückten sich dicht an die Hauswand und winkten ihm zu. Als er sich zögernd näherte, erkannte er Chalkiope und Medea. Die Mädchen flüsterten ihm zu, leise zu sein, und zogen ihn mit sich fort. Erst nach einer Weile wagte er zu fragen, wohin sie eigentlich wollten.

„Zum heiligen Hain", flüsterte Chalkiope.

„Wir wollen den unheimlichen Drachen anschaun", erklärte Medea mit leuchtenden Augen. „Er soll riesengroß sein, auf seinem langen Schwanz furchtbar häßliche Stacheln haben und an den Füßen riesige scharfe Krallen."

„Wir müssen aber sehr leise sein", warnte Chalkiope. „Denn wenn uns dieses Ungeheuer entdeckt, dann ergeht es uns schlecht!"

Phrixos begriff, daß die Mädchen auf verbotenen Wegen waren. Doch sie hatten es verstanden, seine Neugier zu wecken, und deshalb folgte er ihnen zum Tempelhain.

Lautlos schlichen sie zwischen den Stämmen der hohen Eichen. Aus dem Dunkel drang ein goldener Lichtschein zu ihnen. Sie blieben stehen und wagten kaum zu atmen. Nichts rührte sich. Phrixos pirschte sich noch näher heran – und da sah er, was hier so hell leuchtete.

„Schaut nur!" rief er. „Dort oben auf der Eiche, dort hängt es, das goldene Fell des Widders!" Der helle Lichtschein hatte ihn so überrascht, daß er ganz vergessen hatte, leise zu sein.

Im selben Augenblick erscholl ein fürchterliches Gebrüll. Der Drache war erwacht. Er erhob sich zu seiner ganzen schrecklichen Größe und reckte seinen langen, stacheligen Hals hoch über die Baumkronen. Aus seinen gewaltigen Nasenlöchern sprühten Feuer und Rauch.

Zu Tode erschrocken liefen die Kinder davon. Sie stolperten über Baumwurzeln und tiefhängende Äste und waren heilfroh, als sie endlich den Tempelhain hinter sich hatten.

„Was hab ich mich gefürchtet!" keuchte Chalkiope. „Nie mehr im Leben geh ich heimlich in der Nacht Drachen anschaun."

„Ich hab nur ein bißchen Angst gehabt", erklärte Medea.

„Wißt ihr, wenn ich groß bin, werde ich zaubern lernen. Dann müssen mir alle Drachen gehorchen!“

„Medea, ich bitte dich, sei still!“ flüsterte Chalkiope. „Niemand darf wissen, daß wir so spät in der Nacht hier draußen sind. Kommt jetzt, wir müssen nach Haus.“

Schweigend folgte Phrixos den beiden Mädchen. Nun, da er das Goldene Vlies im Tempelhain hängen gesehen hatte, fühlte er plötzlich, wie sehr er Aries, seinen Freund, vermißte, und er konnte ein Schluchzen nicht unterdrücken.

„Weshalb bist du denn traurig?“ fragte Chalkiope.

„Weil mein Widder fort ist“, sagte Phrixos leise.

„Aber da oben ist er ja!“ rief Medea und zeigte hinauf auf den sternenübersäten Himmel. „Schau nur: er ist ein Sternbild geworden! Kannst du ihn sehen?“

Voll Verwunderung blickte Phrixos zum Himmel. Ja, wirklich, da oben war er: Aries, sein Widder. Nun brauchte er nicht mehr traurig zu sein.

„Das war es also, was er gemeint hat, als er sagte, ich würde ihn an einem anderen Platz wiedersehen“, sagte er.

„Hab ich es mir doch gleich gedacht!“ rief Medea. „Der Widder konnte also doch sprechen. Du hast es nur nicht zugeben wollen!“

Phrixos lachte verlegen: „Weißt du, das war unser Geheimnis.“

„Und schau“, rief Medea fröhlich, „jetzt hat uns Aries sogar zugezwinkert!“

Der Tierkreis

„Es wird erzählt, Gott Zeus selbst habe den Widder hinauf zu sich holen lassen, um ihn dann als Sternbild auf den Himmel zu setzen. Dort wurde er eines der sogenannten Tierkreiszeichen“, berichtete der Onkel.

„Ein Tierkreiszeichen – was ist denn das eigentlich?“ fragte Kristoffer.

„Na, das weißt du doch“, sagte Jenny. „Jeder Mensch ist in einem bestimmten Sternzeichen geboren. Du im Löwen und Onkel Martin im Widder. Und alle diese Sternzeichen liegen im Tierkreis. Ist das so richtig, Onkel Martin?“

„Ja, das stimmt. Der Tierkreis, man nennt ihn auch ‚Ekliptik‘, ist ein gedachter Kreis am Himmelsgewölbe, den die Sonne im Laufe eines Jahres scheinbar durchwandert. Und entlang dieser Linie liegen dreizehn Sternbilder.“

„Aber in den Horoskopen gibt es doch immer nur zwölf!“ Jenny war verwirrt. „Wie heißt denn das dreizehnte?“

„Das ist der Schlangenträger, auf Latein: Ophiuchus. Er liegt zwischen dem Skorpion und dem Schützen. Wir haben im Sommer schon einmal von ihm gesprochen, erinnert ihr euch?“

„Ja, wie du uns die Geschichte vom Jäger Orion erzählt hast“, meldete sich Kristoffer zu Wort.

„Also die zwölf Tierkreiszeichen kann ich aufzählen“, meldete sich Jenny. „Ich fang mit dem Widder an; nach ihm kommt der Stier, dann die Zwillinge, der Krebs, der Löwe, die Jungfrau und die Waage, dann der Skorpion, der Schütze, der Steinbock, der Wassermann und die Fische – und schon sind wir wieder beim Widder angelangt.“

„Aber wenn es schon Tierkreis heißt, sollten doch eigentlich alle Sternbilder Tiere sein“, meinte Kristoffer. „Wieso gibt es da zum Beispiel auch eine Waage?“

„Weil sie eben auch in der Sonnenbahn liegt, klar?“ sagte Jan. „Das hat uns der Onkel doch schon gesagt.“

Damit gab sich Kristoffer nicht zufrieden: „Dann hätte die Waage doch ganz einfach einen anderen Namen kriegen können.“

„Als die Menschen vor vielen tausend Jahren begannen, den Himmel in verschiedene Abschnitte einzuteilen und den Sternbildern ihre Namen zu geben, wählten sie auch oft Bezeichnungen, die mit dem täglichen Leben zu tun hatten“, begann der Onkel zu erklären. „Das konnten wilde Tiere sein, vor denen sie Angst hatten, oder auch Götter, zu denen sie mit großem Respekt aufsahen. Und die Waage, mit der die Waren auf dem Markt abgewogen wurden, bedeutete für die Menschen dieser Zeit eben auch etwas besonders Wichtiges; sie war überdies auch noch das Symbol für die irdische Gerechtigkeit. Athene, die Göttin der Gerechtigkeit, wurde zum Beispiel mit dem Schwert in der einen und mit Waagschalen in der anderen Hand dargestellt. Und wie ihr wißt, haben die Sternbilder in verschiedenen Geschichten recht unterschiedliche Rollen spielen können – so wie es Schauspieler tun. Da durfte die Jungfrau unter anderem auch die Gerechtigkeitsgöttin verkörpern, und auf manchen Darstellungen sind Jungfrau und Waage sogar als ein einziges großes Sternbild zu sehen.“

Jan hatte schon die ganze Zeit angestrengt durch den Feldstecher geguckt. Jetzt unterbrach er den Onkel und rief ganz aufgeregt: „Ich glaub, jetzt hab ich ihn, den Widder! Da! Genau im Osten, schräg unter der Andromeda. Das sind aber schwache Sterne! Eigentlich kann man nur einen einzigen deutlich sehen.“

„Ja, und dieser helle Stern im Widder heißt ‚Hamal‘. Er stellt das Auge des Aries dar“, sagte der Onkel.

„Das war ja sehr freundlich von diesem Papa Zeus, daß er den Widder an den Himmel versetzt hat. Aber wenn er sich schon so eine Arbeit antut, hätte er ihn doch gleich ein bißchen deutlicher machen können“, kritisierte Kristoffer. „Du, Onkel, gibt es vielleicht noch ein anderes Sternbild zum Anschauen, das mit unserer Geschichte zu tun hat?“

„Nun, da könnte ich euch zum Beispiel den Delphin vorschlagen." Der Onkel ging ein Stückchen weiter den Landungssteg hinaus und zeigte gegen Süden: „Seht ihr das große Sternenviereck dort oben? Das ist der Pegasus."

„Ja, das Dichterroß!" erinnerte sich Kristoffer.

„Und etwas weiter westwärts, diese vier Sterne, nahe beieinander: – das ist der Delphinkopf."

„Ich glaub, ich seh ihn!" Kristoffer hatte sich von seinem Bruder den Feldstecher ausgeliehen. „Er schaut wie ein kleiner Papierdrachen aus. Toll, daß es so viele Tiere am Himmel gibt ..."

„... und daß Onkel Martin so viele Geschichten über sie weiß", lobte Jenny.

„Über die Delphine gab es im alten Griechenland tatsächlich eine Fülle von Geschichten. Man glaubte nämlich, daß diese flinken und gescheiten Tiere ursprünglich Seeleute waren, und daß sie deshalb immer so freundlich zu den Menschen sind."

„Delphine sind ja wirklich besonders lieb. Aber sag, Onkel Martin, wie ist es denn mit Phrixos weitergegangen?" erkundigte sich Jenny. „Hat er später die Königstochter wirklich geheiratet?"

„Ja, die beiden wurden ein Paar, und sie bekamen einige Söhne, von denen ihr auch bald hören werdet."

„Und was ist mit dieser bösen Stiefmutter von Helle und Phrixos geschehen?" wollte Kristoffer wissen. „Ist die denn nicht bestraft worden?"

„Und ob! Sie wurde sogar sehr hart bestraft. Als nämlich König Athamas schließlich dahinterkam, was sie alles angestellt und wie sie ihn belogen hatte, wurde er fast wahnsinnig vor Sorge und Trauer über seine verlorenen Kinder, und er jagte die böse Ino hinaus ins Meer."

Jetzt war Kristoffer zufrieden: „Recht ist ihr geschehen!"

„So, und wenn ihr wollt, daß ich weitererzähle, dann laßt uns jetzt in die warme Stube gehen. Denn nun kommt die Erzählung vom Goldenen Vlies, und das ist eine sehr lange Geschichte ..."

Der Fremde aus den Bergen

Nach dem Tod von König Athamas kam es zwischen seinen beiden Söhnen zum Streit um das Erbe. Pelias, der jüngere von beiden, war ein frecher und habgieriger Kerl. Mit List gelang es ihm, seinen älteren Bruder Aison vom Thron zu vertreiben. So blieb dem rechtmäßigen Thronfolger kein anderer Ausweg, als mit seiner Frau Polymede in die Berge zu fliehen. Dort wurde ihr kleiner Sohn geboren, der den Namen Jason bekam. Weil die Eltern fürchteten, Pelias könnte dem Buben etwas antun, beschlossen sie, die Geburt des Kindes vor aller Welt geheimzuhalten. Um sein Leben zu retten, wußten sie sich keinen anderen Rat, als sich von Jason zu trennen.

Doch wem sollten sie ihr Kind anvertrauen? In der Einöde der Berge gab es kaum Menschen, und in den Dörfern der Niederungen streiften überall die Späher des bösen Königs Pelias umher. Da fiel Jasons Vater der Kentaur Chiron ein, der hoch oben in den Bergen in einer Grotte hauste und bekannt war ob seiner Güte und seiner Weisheit. Doch Aison wagte es nicht, Polymede seinen Plan mitzuteilen, denn Kentauren sind merkwürdige Wesen, und gar manchem jagt ihr Anblick Schrecken ein. Deshalb führte Aison seine Frau und den kleinen Jason nur stillschweigend zu Chirons Grotte und rief dessen Namen.

Im nächsten Augenblick stand Chiron vor ihnen. Er hatte den Kopf und den Oberkörper eines Menschen, doch Leib und Hinterteil waren fellbedeckt, und an den Beinen hatte er richtige Pferdehufe.

„Ein Kentaur!“ rief Polymede erschrocken und drückte ihr Kind ängstlich an sich.

Karte III: Sternbild DELPHIN. *Das sehr kleine Sternbild ist am 1. Oktober um 20 Uhr gut sichtbar (wie Widder und Fische), man muß aber den Blick* Richtung Süden *wenden! Am 1. September sieht man den Delphin an derselben Stelle erst um 22 Uhr.*

„Fürchte dich nicht!“ sagte Chiron; seine Stimme erinnerte an ein freundliches Wiehern. „Nicht alle Kentauren sind gefährlich und wild. Und nun erzählt mir, weshalb ihr gekommen seid.“

Da berichtete Jasons Vater alles, was geschehen war, und Chiron hörte aufmerksam zu. Dann nickte er. „Ich verstehe euren Kummer. Wenn ihr mir euren Sohn überlassen wollt, so kann ich euch versprechen, gut für ihn zu sorgen. Hier, in meiner Grotte, findet er Schutz vor allem Bösen.“

Als Jasons Mutter die freundlichen Worte des Kentauren hörte und in seine klugen Augen sah, faßte sie Vertrauen und reichte ihm das Kind. Der Kleine lachte, streckte seine Hände aus und zog Chiron am Bart.

„Eines noch möchte ich von dir erbitten“, sagte Aison. „Ehe Jason erwachsen ist, darf er nicht erfahren, wer seine Eltern sind. Es könnte ihn in Gefahr bringen.“

Dies versprach Chiron. Dann nahmen Aison und Polymede Abschied und kehrten in ihr Heimatland zurück, um gegen den bösen Pelias zu kämpfen. Doch es war ihnen kein Erfolg beschieden. Schließlich zogen sie sich irgendwohin zurück, und ihre Spuren verloren sich für immer.

Unterdessen wuchs Jason zu einem unerschrockenen, aufgeweckten Jüngling heran. Von seinem Ziehvater lernte er viel über Heilkunst und Kräuter. Alle Tiere des Waldes wurden seine Freunde und Spielkameraden, aber Menschen traf er nur sehr selten, und er vermißte ihre Gesellschaft nicht. Als er älter wurde, begann er nachzudenken, wer wohl seine Eltern sein könnten, und eines Tages fragte er Chiron danach.

„Du bist nun zwanzig Jahre alt und hast ein Recht darauf zu erfahren, wer dein Vater ist“, antwortete der Kentaur. Dann erzählte er alles, was er wußte. Als Jason von den vielen Ungerechtigkeiten erfuhr, die seinem Vater durch dessen hinterhältigen Bruder widerfahren waren, wurde er rot vor Wut.

„Ich muß sofort weg von hier. Ich will meinem Vater helfen, sein Erbe wiederzubekommen!“ rief er.

Chiron seufzte: „Ich fürchte, dein Vater ist tot.“

„Dann bin ich Erbe von Thron und Reich“, stellte Jason

fest. „Ich werde meinen Onkel aufsuchen und ihm dies sagen. Ungerechtigkeiten ertrage ich nicht.“

Chiron mußte einsehen, daß er seinen Ziehsohn nicht an diesem Vorhaben hindern konnte. Er umarmte ihn zum Abschied und überreichte ihm zwei Speere.

Da lachte Jason. „Was soll ich denn mit den Speeren?“ fragte er. „Ich denke doch nicht daran, mit meinem Onkel zu kämpfen. Ich verlange nur das wieder, was mir zusteht.“

Doch als Jason den besorgten Blick seines Ziehvaters sah, nahm er ohne weiteren Widerspruch die Speere in Empfang. Er bedankte sich bei dem alten Kentauren, dann warf er sich ein Pantherfell um die Schultern und begab sich auf den Weg zur Stadt Iolkos, wo sich der Herrschersitz von König Pelias befand.

Auf seiner langen Wanderung mußte er durch einen wild schäumenden Fluß waten. Am anderen Ufer bemerkte er, daß er im Wasser eine Sandale verloren hatte. Doch er konnte sie nicht mehr finden, und so mußte er mit nur einem Schuh weitergehen.

Als er in Iolkos ankam, erweckte er großes Aufsehen. Alle starrten den hochgewachsenen Fremdling an, der so eigentümlich gekleidet war und dessen langes, blondes Haar bis über die Schultern hing.

Ein kleiner Bub fragte neugierig: „Wer kann denn das sein? Der ist viel größer als die andern hier, und sein Haar glänzt wie Gold.“

„Stellt euch vor, am Ende ist es gar Gott Apollo?“ flüsterte die Mutter des Buben. „Ich habe gehört, daß er sich manchmal unter den Menschen zeigt.“

„Da könnte ich schon eher glauben, er ist Ares, der Kriegsgott!“ rief ein Schmied, nicht ohne Bewunderung. „Schaut euch nur seine Muskeln an!“

Überall wurde jetzt getuschelt, und manche zeigten verstohlen auf Jasons unbeschuhten Fuß. Ein alter Mann zog seinen Sohn beiseite.

„Das hier bedeutet Unglück!“ murmelte er ängstlich.

„Wieso denn?“ wunderte sich sein Sohn.

„Siehst du denn nicht? Der Fremde hat nur eine Sandale!“

„Na und? Er wird die andere wohl verloren haben.“

„Aber hast du denn noch nie von der Weissagung gehört?“ flüsterte der Alte. Als sein Sohn den Kopf schüttelte, sprach er mit noch leiserer Stimme weiter: „Dem König Pelias wurde einst prophezeit, daß er sich in acht nehmen müsse vor einem Fremden mit nur einem Schuh. Dieser Mann könnte ihn vom Thron stürzen.“

„Das müssen wir dem Fremdling sagen! Es wäre wohl am besten, er käme Pelias nicht unter die Augen.“

„Zu spät, mein Sohn. Schau, da kommt schon der König!“

Der Alte zeigte auf einen vergoldeten Wagen, der mit vier vorgespannten Mauleseln soeben auf den Marktplatz zufuhr.

Inzwischen hatten sich immer mehr Menschen um Jason versammelt. Der stand ruhig da, in jeder Hand einen Speer, und ließ sich angaffen. Das Gemurmel auf dem Marktplatz wurde immer lauter.

„Was ist da los? Wieso sind hier so viele Leute?“ rief der König und gab dem Kutscher ein Zeichen, die Maulesel anzuhalten.

„Ein Fremdling aus den Bergen erweckt die Neugier der Leute“, gab der alte Mann Auskunft.

„Sag dem Fremden, er möge hierher kommen“, befahl der König.

Der Alte drängte sich durch die Volksmenge.

„König Pelias will mit dir sprechen, Fremdling!“ rief er.

Sogleich machten die Leute Platz, damit der König Jason sehen könne. Der erwiderte gelassen den forschenden Blick des Herrschers.

„Was ist denn das für ein einfältiger Tölpel!“ lachte der König voller Hohn. „Dieser Fremde da war wohl noch nie unter Menschen. Schaut nur sein langes Haar an. Und das lächerliche Pantherfell, das er über seinem Mantel trägt, und diese Speere, die er ...“ Da unterbrach sich der König und erbleichte. Seine Finger umklammerten die Armlehne des Wagens, verwirrt starrte er auf Jason. „Sehe ich recht?“ sagte er leise. „Trägt dieser Fremde nur einen Schuh?“

Der Kutscher, der nichts von der Weissagung wußte, nickte unbekümmert: „Jaja, er hat nur eine Sandale."

Jason begriff nicht, was den König plötzlich so aus der Fassung gebracht hatte. Langsam näherte er sich dem königlichen Gefährt.

„Du willst mit mir sprechen, König Pelias? Hier bin ich."

Das Gemurmel des Volkes war verstummt. Alle warteten voller Spannung, was nun geschehen werde.

„Wie heißt du?" fragte der König.

„Ich heiße Jason und komme aus den Bergen."

„Und was ist dein Begehr?"

„Dich zu treffen, König Pelias. Ich bin der Sohn deines Bruders Aison, und ich komme, um das zu übernehmen, was meinem vertriebenen Vater rechtmäßig zusteht: Thron und Herrschaft über dieses Land."

Es wurde totenstill auf dem Marktplatz. Der König stand wie versteinert da.

Freundlich lächelnd sprach Jason weiter: „Äcker, Vieh und alle Reichtümer kannst du gerne behalten, die kümmern mich nicht. Ich will nur, was mein Recht ist, und ich bin sicher, wir werden uns im Guten einigen und nicht zu den Waffen greifen müssen."

Aller Blicke waren nun auf Pelias gerichtet. In atemloser Spannung erwartete man des Königs Antwort. Als er dies bemerkte, zwang er sich ein Lächeln ab. Dann begann er langsam zu sprechen.

„Was für eine Überraschung, Jason. Ich wußte gar nicht, daß mein Bruder einen Sohn hat. – Doch der Marktplatz hier ist wohl kaum der richtige Ort für ein längeres Gespräch. Ich bitte dich, steig in meinen Wagen und folge mir zur Burg. Dort werden wir weitersehen."

Er streckte Jason seine Hand entgegen, und der stieg in den Wagen. Der Kutscher ließ die Peitsche knallen, und bald war das goldene Gefährt in einer Wolke von Staub verschwunden.

Wie mit einem Zauberschlag löste sich die Spannung, und alle auf dem Marktplatz begannen aufgeregt durcheinander zu reden.

„Habt ihr gesehen, wie König Pelias erschrocken ist?"

„Ja, als er entdeckte, daß Jason nur eine Sandale hat!" rief ein baumlanger Kerl.

Ein kleiner Dickwanst äffte den vor Schreck erstarrten König nach, und alle ringsum hielten sich den Bauch vor Lachen.

Doch der alte Mann hob warnend die Hand: „Nehmt euch in acht!" rief er. „Habt ihr nicht den hinterlistigen Blick von König Pelias gesehen? Glaubt mir, der schmiedet böse Pläne!"

Sein Nachbar wiegte bedächtig den Kopf: „Da kannst du wohl recht haben. Also ich möchte nicht an der Stelle von diesem Jason sein."

Da verstummten auch die anderen. Ängstlich sahen sie hinauf zur Burg. Dann verließen sie den Marktplatz.

Ein heimtückischer Plan

König Pelias gab zu Ehren seines Neffen Jason ein großes Festmahl in seiner Burg. Dadurch wollte er Zeit zum Nachdenken gewinnen. Eines war ihm klar: er mußte Jason ein für allemal loswerden, doch sollte niemand den Verdacht schöpfen, daß er Böses im Schilde führte.

Am nächsten Tag schon hatte er einen Plan geschmiedet, und er bat Jason zu einem Gespräch unter vier Augen.

Jason fand seinen Onkel auf dem Thron sitzend, das Gesicht in den Händen verborgen, er seufzte und stöhnte, ganz so, als wäre er von Sorge und Müdigkeit überwältigt. Im ersten Augenblick wußte Jason nicht recht, ob er warten oder sich lieber leise zurückziehen sollte. Doch da blickte der König auf und streckte ihm die Hand entgegen.

„Mein lieber Jason! Komm, setz dich zu mir“, sagte er mit matter Stimme.

Jason trat näher, und der König sprach weiter: „Du hast mir gesagt, daß du den Thron von Iolkos forderst, da er früher einmal deinem Vater gehörte. Nun ist dieser Thron allerdings schon sehr lange in meinem Besitz. – Trotzdem bin ich weder aufgebracht noch verärgert über dein Begehr, das kannst du mir glauben! Mich plagen nämlich seit langem ganz andere Sorgen …“

Der König hielt inne und gab wieder einen tiefen Seufzer von sich.

„Was bedrückt dich denn so sehr?“ fragte Jason.

„Ach, weißt du, Jason, es wütet eine schwere Krankheit unter unserem Volk. Ihrer Herr zu werden, ist bisher niemandem gelungen, denn ein Fluch lastet auf unserem Land. – Ich habe die Kraft nicht mehr, ihn zu lösen. Zu alt bin ich, diese Heldentat zu vollbringen, die von den Göttern gefordert wird.“

„Willst du mir nicht endlich sagen, worum es geht?“ fragte Jason voll Ungeduld.

„Das ist eine sehr lange Geschichte.“

Ehe der König weitersprach, seufzte er abermals so abgrundtief er nur konnte.

„Hast du jemals von Phrixos gehört?“ begann er dann endlich. „Er stammt aus unserem Geschlecht und ist Königssohn in diesem Land gewesen.“

„Wenn das der ist, welcher von einem Widder in das Land des Sonnenaufganges, nach Kolchis, gebracht worden ist, dann weiß ich, wen du meinst.“

„So weißt du vielleicht auch, daß sich das Goldene Vlies dieses Widders immer noch jenseits des Meeres befindet. Dort wird es von einem Drachen bewacht, der so furchterregend ist, daß niemand es wagt, sich ihm zu nähern.“

„Ja, auch davon habe ich gehört. Doch was hat der Fluch, der auf diesem Land liegt, mit dem Goldenen Vlies in Kolchis zu tun?“

„Das sollst du sogleich erfahren“, tat der König sehr geheimnisvoll. „Phrixos ist zwar schon lange tot, aber nun ist es geschehen, daß mich sein Geist eines Nachts im Traum aufgesucht hat. Er befahl mir, das Goldene Vlies hierher, nach Griechenland, zurückzuholen. Erst dann würde der Fluch von unserem Land abgewendet werden.“

„So werde eben ich dieses Vlies holen!“ rief Jason, ohne zu zögern.

Genau das war es, was der König hören wollte. Doch das ließ er sich natürlich nicht anmerken. Er schüttelte nur bedächtig den Kopf: „Das ist ein mühevolles und gefährliches Vorhaben, Jason! Und der Weg bis zum Schwarzen Meer ist weit.“

Jason lachte: „Weder fürchte ich mich vor Drachen noch vor Seeungeheuern. Laß nur ein ordentliches Schiff bauen, geschaffen zu solch langer Fahrt!“

Der König gab sich nachdenklich.

„Ich weiß einen vortrefflichen Schiffsbauer hier in Iolkos“, erklärte er nach scheinbarem Zögern. „Einen, der die Kunst des Schiffsbaues von der Göttin Athene selbst gelernt hat. Sein Name ist Argos.“

„Gut, den werde ich aufsuchen!“ rief Jason. „Und sofort

mache ich mich daran, eine ordentliche Besatzung anzuheuern. Kühne Männer müssen es sein, Männer, die bereit sind, ihr Leben zu wagen!"

„Laß mich mitkommen auf das Schiff!" ertönte da die Stimme eines jungen Burschen aus dem Hintergrund des Saales.

„Akastos! Was hast du hier zu suchen?" fragte der König streng.

„Vater, verzeih, daß ich eurem Gespräch gelauscht habe! Ihr saht mich nicht kommen. – Ich bin ganz begeistert von Jasons Plan! Bitte, laß mich mitfahren!"

Der König warf seinem Sohn einen zornigen Blick zu: „Du bist viel zu jung für solch ein Abenteuer, Akastos!" herrschte er ihn an.

„Jason, bitte, kannst du meinen Vater vielleicht überreden?" bettelte Akastos.

Jason sah von einem zum anderen und lachte: „Es wird ja seine gute Weile dauern, bis das Schiff fertig ist. Mag sein, dein Vater ändert bis dahin seine Meinung." Dann wandte er sich dem König zu. „Ich muß mich jetzt auf den Weg machen. Doch vorher sollst du mir noch diese meine Frage beantworten: Anerkennst du mein Recht auf den Thron, König Pelias?"

„An dem Tage, da du mit dem Goldenen Vlies nach Iolkos zurückkommst, ist das Reich dein!" versprach der König und streckte Jason seine Hand entgegen.

Freudig schlug Jason ein: „Danke! Du wirst dein Versprechen nie bereuen müssen."

Dann nahm er rasch Abschied vom König und dessen Sohn und verließ den Saal.

Akastos aber blieb und sah seinen Vater argwöhnisch an: „Warum darf ich nicht mitfahren?"

„Es ist zu gefährlich."

„Aber Jason schickst du weg?"

„Der ist ein erwachsener Mann", war die knappe Antwort des Königs.

„Vater, ich glaube deine Absicht zu durchschauen!" rief Akastos plötzlich. „Du willst Jason in eine Falle locken! Du willst ihn loswerden! Du willst, daß er stirbt, damit du an der

Macht bleibst. Aber eines sollst du wissen: Ich gehe mit Jason, ob es dir nun recht ist oder nicht!"

„Akastos!" schrie der König außer sich vor Zorn. Doch der Junge war bereits aus dem Saal gestürzt.

Das große Abenteuer beginnt

Niemand hatte je zuvor ein Fahrzeug gesehen, vergleichbar mit dem, welches im Hafen von Iolkos entstand. Als es schließlich fertig im Stapelbett lag, bestaunte man dieses größte und herrlichste Schiff, das je in Griechenland erbaut worden war. Es konnte sowohl mit Segeln als auch mit Rudern betrieben werden. Im Bug wurde von Argos, dem Schiffsbauer, ein Stück Holz eingefügt, das er vor vielen Jahren von der Göttin Athene zum Geschenk bekommen hatte. Es war aus einer heiligen Eiche geschlagen, und es ging das Gerücht, daß dieses Stück Holz sprechen und sogar die Zukunft vorhersagen könne.

Viele erboten sich, mit Jason diese abenteuerliche Fahrt zu unternehmen – die meisten von ihnen waren berühmt ob ihrer Kühnheit und ihres Mutes. Da waren der Held Herakles und sein junger Freund und Waffenbruder Hylas. Da waren die Zwillinge Kastor und Pollux und der Sänger Orpheus mit seiner Lyra. Die beiden Söhne des Nordwinds, Zetes und Kalais, kamen, und noch viele andere mehr. Jason wählte auch einen weiblichen Bogenschützen aus, es war Atalanta; besser als alle anderen verstand sie es, mit Pfeil und Bogen umzugehen.

Jason wurde einstimmig zum Anführer erwählt, und Tiphys, ein Mann, der das Meer gut kannte, wurde zum Steuermann ernannt. Zum Späher wurde Lynkeus ausersehen, denn er hatte besonders scharfe Augen.

Alle bewunderten das Schiff, und zu Ehren seines Erbauers Argos erhielt es dessen Namen: Argo. Die Teilnehmer an dieser großen Fahrt nannte man die Argonauten.

Als das Schiff schließlich fertig beladen war und das Startzeichen zum Stapellauf gegeben wurde, stellte sich heraus, daß es schier unmöglich war, die Argo ins Meer zu bekommen. Sie war viel zu schwer! Doch Orpheus wußte Rat: er begann so wunderschön auf seiner Lyra zu spielen, daß die Eichenbalken im Bug plötzlich anfingen, sich zu bewegen, und langsam glitt das riesige Schiff wie von selbst ins Wasser.

Die Ruderer hatten bereits ihre Plätze eingenommen, und von kräftigen Ruderschlägen angetrieben, begann sich die Argo vom Land zu entfernen. Auf ein Zeichen Jasons wurden die Ruder eingezogen.

„Setzt die Segel!“ befahl er. Die Segel wurden gehißt und fingen an, sich im Wind zu blähen.

„Was ist denn das?“ rief einer der Männer überrascht. Unter den Segeln hatte sich ein Junge versteckt. Jetzt erhob er sich, stand da und blinzelte verwirrt ins helle Sonnenlicht.

„Akastos!“ rief Jason. „Wie kommst denn du hierher?“

„In der Nacht, als alle schliefen, schlich ich mich an Bord und versteckte mich unter den Segelplanen. Bitte, laßt mich mitkommen!“ bat der Junge.

„Wir müssen deinen Vater wissen lassen, daß du an Bord bist!“ Jason zeigte zum Strand, wo Pelias mit seinen Mannen stand, um die Abfahrt des Schiffes zu beobachten. Der König sah zufrieden aus, sein Plan, Jason loszuwerden, schien gelungen.

Widerwillig begab sich Akastos zum Heck des Schiffes und hob die Arme, um seinem Vater zu winken. Kaum hatte der König seinen Sohn erblickt, stieg die Zornesröte in sein Gesicht.

„Du wagst es, mir zu trotzen?“ schrie er wutentbrannt. Mit lauter Stimme trieb er seine Mannen in ein Boot, um den Jungen zurückzuholen.

„Bitte, Jason, laß mich bei euch auf der Argo bleiben!“ flehte Akastos.

Der Steuermann Tiphys hatte alles mitverfolgt. Jetzt zwinkerte er Jason zu und legte das Ruder um. Im selben Augenblick füllte der Wind mit ganzer Kraft die Segel, und noch ehe es den Männern am Strand gelungen war, in ein Boot zu kommen, zog die Argo mit großer Geschwindigkeit hinaus auf das offene Meer.

Jason lächelte: „Du hast es selbst gesehen, Akastos: Es war ein plötzlicher Windstoß, der unser Schiff hinausgetrieben hat. Zum Umkehren ist es jetzt zu spät, da kann ich dir nicht helfen.“

„Dank sei dem Gott aller Winde!" rief Akastos und machte einen so hohen Freudensprung, daß alle, die rundum standen, in Gelächter ausbrachen.

Die Argo steuerte nun hinaus aus der Bucht und umrundete die Landzunge, die an der Backbordseite lag. Dort erhob sich das Peliongebirge, jene Berge also, in denen Jason aufgewachsen war.

Eine Weile stand Jason versonnen am Schiffsgeländer und sah hinauf zu den Bergen, wo sein Ziehvater, der kluge Kentaur, zu Hause war.

Doch es blieb ihm nicht viel Zeit, seinen Erinnerungen nachzuhängen. Das Wetter hatte plötzlich umgeschlagen, die Argo geriet in immer stärkere Windböen, und ein schweres Unwetter zog auf. Da hieß es rasch handeln. Die Segel mußten eingeholt werden, harte Ruderarbeit stand bevor. Es dauerte lange, bis die Argonauten schließlich eines Abends an der Küste der geheimnisvollen Insel Samothrake vor Anker gehen konnten.

Orpheus berichtete, daß sich auf dieser Insel ein berühmter Tempel befinde. Gefolgt von Jason und den Zwillingen Kastor und Pollux, machte er sich auf den Weg, um dort den Göttern ein Opfer darzubringen.

Als die vier später vom Tempel auf das Schiff zurückkehrten, waren Kastor und Pollux sehr schweigsam. Es sollte lange dauern, ehe sie den anderen Kameraden von den Geheimnissen der Insel Samothrake erzählten.

Die sechsarmigen Ungeheuer

Am nächsten Morgen hatte der Sturm nachgelassen, und das Schiff segelte zum engen, felsigen Sund des Hellespont. Auf der Bäreninsel legten die Argonauten an, denn sie brauchten Frischwasser. Einige Männer gingen an Land, um nach einer Quelle su suchen. Obwohl die Argo jetzt ganz ruhig vor Anker lag, verließ Lynkeus seinen Platz am Aussichtsposten nicht.

„Jetzt, wo alles so ruhig und friedlich ist, brauchst du doch nicht Ausschau zu halten!" meinte Jason.

Lynkeus schüttelte den Kopf: „Ich finde es sehr eigenartig, daß weder Tiere noch Menschen zu sehen sind, obwohl diese Insel so grün und einladend wirkt. Da ist es wohl besser, wachsam zu sein, glaube ich."

Jason und die anderen lachten über so viel Vorsichtigkeit. Sie legten sich hin, um ein wenig auszuruhen.

Plötzlich war ein Donnern zu hören – es klang, als würde ein Berg zusammenstürzen. Erschrocken fuhren die Argonauten empor und starrten in die Richtung des Donnerschlags. Im selben Augenblick sauste ein riesengroßer Felsbrocken durch die Luft und schlug in nächster Nähe der Männer auf, welche gerade von der Wasserstelle zurückkamen. Erde und Steine wirbelten hoch. Gleich darauf polterte ein zweiter Felsbrocken zu Tal.

„Schaut auf den Berg hinauf!" schrie Lynkeus von seinem Aussichtsposten her. „Hinter dem höchsten Felskamm verbergen sich fürchterliche Riesengestalten! Ungeheuer mit sechs Armen! Stein um Stein brechen sie aus dem Berg. Sie wollen uns zermalmen. Paßt auf, gleich kommt das nächste Wurfgeschoß!"

Karte IV: Sternbilder STIER (unten) und PLEJADEN (oben). *Besonders gut sichtbar am 1. Dezember um 20 Uhr mit Blick* Richtung Osten. *Am 1. Oktober müßte man dazu bis Mitternacht aufbleiben!*

Ein gewaltiger Felsblock schlug dicht neben dem Schiff ins Wasser. Die Argo begann bedrohlich zu schlingern, und gleichzeitig hörte man vom Berg her das grölende Lachen der Riesen.

„Wir kentern!“ schrien die Argonauten.

Herakles riß Pfeil und Bogen an sich. „Wohin soll ich zielen?“ rief er Lynkeus zu.

„Dorthin!“ Lynkeus zeigte auf den höchsten Berggrat. „Dort! Dort beugt sich ein Riese über die Felsschroffen.“

Kaum hatte Herakles seinen Pfeil abgeschossen, verkündete ein wilder Aufschrei vom Berggipfel her, daß er getroffen hatte.

„Jetzt taucht ein zweiter Riese auf! Dort, etwas weiter rechts!“ warnte Lynkeus.

Herakles schoß noch einen Pfeil ab. Da rollte ein riesiger Felsbrocken den Berghang hinunter, ohne Schaden anzurichten – er war dem vom Pfeil getroffenen Ungetüm aus der Hand geglitten.

In der Zwischenzeit war es den Wasserholern gelungen, den Strand zu erreichen. Schwimmend versuchten sie zum Schiff zu kommen.

Unzählige Riesen stürmten jetzt über eine gewaltige Geröllhalde auf die Argo zu. Drohend schwenkten sie ihre Arme und warfen immer größere Felsstücke gegen das Schiff. Und obwohl Herakles Pfeil um Pfeil abschoß, gelang es ihm nicht, diese Ungeheuer aufzuhalten. Es wimmelte förmlich von Riesen, die ohne Unterlaß aus dem Berginneren strömten.

Rund um das Schiff tobte und kochte das Wasser in meterhohen schäumenden Wirbeln – die schwimmenden Männer schienen schon verloren. Da tauchte plötzlich ein Kopf auf und dann ein zweiter und noch einer ... Ohne zu zögern, stürzte sich Jason ins Meer und half den völlig erschöpften Männern an Bord.

„Zieht den Anker ein!“ rief Jason, nachdem er als letzter wieder auf dem Schiff war. Alle setzten sich an die Ruder, und mit kräftigen Ruderschlägen steuerten sie die Argo aus dieser gefährlichen Bucht.

Rasendes Gebrüll ertönte von der Insel her. In ihrer Wut

hatten die Riesen eine ganze Bergspitze losgebrochen und schleuderten sie gegen das Schiff. Nur ganz knapp verfehlte das Geschoß sein Ziel. Es erhob sich eine Sturzwoge, die das Schiff ins Meer hinaustrieb. Die Argonauten waren gerettet. Sie konnten die Segel hissen und ihre Fahrt fortsetzen.

Vergebens versuchten die Riesenungeheuer mit ihren Steinen und Felsbrocken die Argo zu treffen, und immer wieder erscholl ihr enttäuschtes Gebrüll durch die himmelhohen Wasserkaskaden. Noch lange sahen die Männer vom Schiff aus die Umrisse der sechsarmigen Monster. Drohend kreiselten ihre Arme in der Luft – gleich den Flügeln einer wildgewordenen Windmühle.

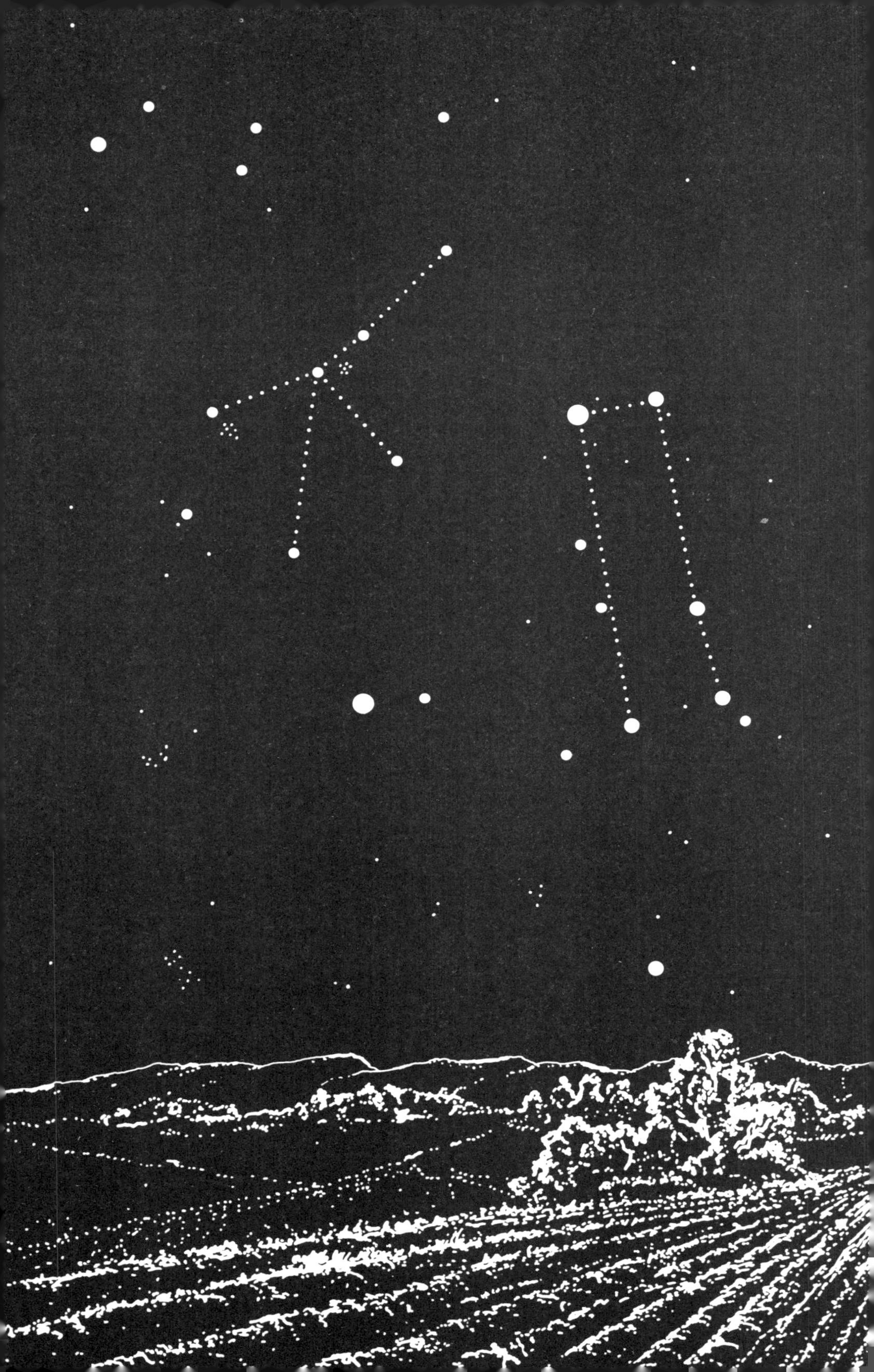

Kommt, ihr Söhne des Nordwinds

Nun nahm die Argo Kurs nach Norden. Gar oft war die Schiffsbesatzung heimtückischen Überfällen ausgesetzt, harte Gefechte gegen bösartige Räuber mußten ausgetragen werden, ehe die Argo endlich die Propontis – das Marmarameer – befahren konnte, um auf einer Insel, nahe der Küste Thrakiens, anzulegen.

Dieses Mal wollte Jason selbst an Land gehen. Nur Tiphys und Lynkeus sollten ihn begleiten.

„Bitte laßt mich doch auch mitgehen!" bat Akastos. „Ich könnte eine Quelle suchen und Wasser holen."

„Gut, aber wir bleiben zusammen!" bestimmte Jason. „In Zukunft darf keiner mehr allein an Land gehen."

Allen war klar, weshalb Jasons Worte so streng und ernst klangen. Vor einigen Tagen war nämlich Hylas, der Waffenbruder des Herakles, allein an Land gegangen, um Wasser zu holen, und war nicht mehr zurückgekehrt. Viele meinten, er sei von einer Wassernymphe, die sich in ihn verliebte, in die Quelle gezogen worden. Doch daran wollte Herakles nicht glauben. Deshalb hatte er Abschied von den Argonauten genommen und das Schiff verlassen, um nach seinem Freund zu suchen. Das war ein schwerer Verlust für die Mannschaft, die dadurch nicht nur Hylas, sondern auch Herakles, den berühmtesten aller Helden, verloren hatte.

„An welch einsamen Strand wir da geraten sind!" rief Tiphys beim Betreten der Insel „Dort drüben steht zwar eine Burg – doch sie wirkt so düster und verfallen. Sicher ist sie unbewohnt. Kommt, gehen wir lieber in die andere Richtung."

Karte V: Sternbilder KREBS (links) und ZWILLINGE (rechts). *Besonders gut sichtbar am 1. Mai um 22 Uhr mit Blick* Richtung Westen. *Am 1. Juni könnte man es bequem um 20 Uhr sehen, um diese Jahreszeit ist es dazu aber noch zu hell. Am 1. April geht es erst um Mitternacht!*

Sie waren noch nicht weit gegangen, da hielt Jason inne und schaute noch einmal hinauf zur Burg. Die anderen folgten seinem Blick. Sie entdeckten einen alten Mann, der aus der Burg gestolpert kam und sich mit Hilfe eines Stockes mühselig vorwärtstastete.

„Wer kann denn das sein?“ wunderte sich Jason.

Lynkeus, der Späher mit den scharfen Augen, hielt Ausschau. „Der arme Mann sieht elend aus, er ist in Lumpen gekleidet“, berichtete er. „Über und über ist er mit Schmutz bedeckt, Haar und Bart sind struppig und wirr. Seine Wangen sind so eingefallen, daß er einem Toten gleicht. Und sein Körper ist so mager, daß die Knochen durch die Haut schimmern.“

Alle standen still und sahen dem Mann entgegen, der langsam näher kam. Seinen Stock schwenkte er die ganze Zeit vor sich her.

„Er muß wohl blind sein – aber dennoch kommt er direkt auf uns zu. Als ob er sehen könnte, wo wir sind“, flüsterte Akastos; ihm war das Ganze recht unheimlich.

Mit einemmal machte Tiphys einen Schritt zurück und hielt sich die Nase zu.

„Was für ein widerwärtiger Gestank!“ entfuhr es ihm. „Und er wird immer stärker, je näher der Kerl kommt. Das muß er sein, der so stinkt. Kommt, gehen wir lieber zurück zum Schiff!“

„Nein, warte noch“, flüsterte Jason.

„Aber ich halte diesen Gestank nicht aus!“

„Warte, sag ich! Vielleicht braucht er unsere Hilfe“, beharrte Jason und ging dem Alten entgegen.

„Wer bist du, Alter?“ fragte er freundlich.

Der Mann blieb stehen und streckte ihm seine Hand entgegen.

„Ich bin der vom Unglück heimgesuchte König Phineus. Seid willkommen in meinem Land“, antwortete er mit zittriger Stimme.

„Wenn das ein König sein soll, so will ich seinen Untertanen lieber nicht begegnen“, flüsterte Tiphys. Jason sah ihn strafend an. Dann wandte er sich wieder dem alten Mann zu.

„Ich heiße Jason, und die anderen hier sind meine Schiffskameraden."

„Aha. Ja, ich hörte das Geräusch von Ruderschlägen, und da lief ich her, um euch zu treffen", erklärte König Phineus. „Wie ihr sicher schon bemerkt habt, bin ich zwar blind, aber meine Ohren, die sind ganz in Ordnung."

„Wir müssen zum Schiff zurück!" mahnte Tiphys ungeduldig.

„Nein, bleibt! Ich bitte euch, bleibt", bettelte der alte König und tastete nach Jasons Hand. „Habt Mitleid mit mir und meinem Unglück. Laßt euch nicht abschrecken von dem üblen Geruch, den ich ausströme."

„Können wir dir helfen?" fragte Jason.

„Ich muß mich setzen. Zu kraftlos bin ich zum Stehen", sagte der Alte leise.

Jason führte ihn zu einem Stein, auf dem sich Phineus niederließ.

Der König dankte und begann langsam zu erzählen: „Sicher wundert ihr euch, daß ich, der König dieses Landes, so aussehe – halb verhungert und in Lumpen gehüllt. Nun, so laßt euch erklären: Apollo verlieh mir einstmals die Gabe, in die Zukunft schauen zu können. Doch übermütig, wie ich damals war, mißbrauchte ich sein Geschenk und berichtete anderen, was ich vorhersah, obwohl Gott Apollo mir dies streng verboten hatte. Zur Strafe nahmen mir die Götter das Augenlicht, und seither bin ich blind. Doch das ist bei weitem nicht das schlimmste", setzte der König fort und senkte seine Stimme. „Das ärgste ist, daß die Götter die Harpyien auf mich loshetzten, um mich zu peinigen ..."

„Wer sind denn die Harpyien?" unterbrach ihn Akastos, der von der Erzählung des alten Königs sehr ergriffen war.

„Die Harpyien sind fürchterliche Wesen. Sie sehen aus wie riesenhafte Raubvögel. Sie haben lange, scharfe Krallen, doch auf ihrem federbekleideten Körper sitzt ein schöner Frauenkopf. Sie sind bekannt für ihre Gefräßigkeit, und sie verschlingen alles, was ihnen unterkommt. Aber noch viel schlimmer ist ..."

Des Königs Stimme versagte. Tränen strömten aus seinen blinden Augen, und nur mühsam konnte er weitersprechen: „... noch viel schlimmer ist – wohin die Harpyien auch kommen, überall verbreiten sie ihren widerlichen, bestialischen Gestank. Alles Essen, das sie nicht selber verschlingen, verschmutzen sie derart abscheulich, daß kein Mensch es mehr berühren kann. Deshalb muß ich Hungersqualen leiden, obwohl mein Land so reich ist."

„Nun, dann sollst du dich jetzt erst einmal richtig sattessen!" rief Jason. „Akastos, gib alles heraus, was du in deinem Korb hier bei dir hast: Käse, Brot und getrocknetes Fleisch."

Mit zittrigen Händen fiel König Phineus über das Essen her. Doch kaum hatte er den ersten Bissen in den Mund gestopft, da war die Luft auch schon von einem schrecklichen Heulen und Brausen erfüllt. Von allen Seiten stürzten die räuberischen Harpyien herbei. Wild krächzend rissen sie alles Eßbare an sich.

„Wir müssen sie verscheuchen!" riefen die Argonauten.

Vor dem widerlichen Geruch, den diese fürchterlichen Geschöpfe ausströmten, war Jason unwillkürlich einen Schritt zurückgewichen. Doch nun zog er sein Schwert und versuchte, die Harpyien anzugreifen. Aber die ließen sich nicht abschrecken. Höhnisch kreischend umflatterten sie den König, mit ihren scharfen Krallen hackten sie auf ihn ein.

Der arme König hielt sich die Hände vors Gesicht, um sich vor seinen Plagegeistern zu schützen.

„Mit dem Schwert läßt sich gegen die Harpyien nichts ausrichten", stöhnte er.

„Dann werde ich die Söhne des Nordwinds holen!" rief Tiphys. So schnell er konnte, lief er zum Schiff hinunter.

„Zetes und Kalais!" schrie Tiphys laut.

Schon im nächsten Augenblick waren des Nordwinds beflügelte Söhne bereit. Sie streckten ihre blinkenden Lanzen hoch in die Lüfte, erhoben sich mit ausgebreiteten Flügeln und flogen dem Strand zu. Ein Sturmwind erfaßte die Harpyien und riß sie mit sich. Wild krächzend flohen sie hinaus übers Meer, verfolgt von den Söhnen des Nordwinds. Und bald war von ihnen nichts mehr zu sehen.

„Es ist uns geglückt!" jubelte Akastos. „Die Söhne des Nordwinds haben die Harpyien vertrieben!"

Tiphys kam vom Schiff zurück. Er lachte: „Jetzt kannst du in Ruhe deine Mahlzeit fortsetzen, König Phineus!"

Doch der König antwortete nicht. Er saß regungslos da, die blinden Augen in unbekannte Ferne gerichtet.

„Wie sonderbar er aussieht", flüsterte Akastos ängstlich. „Er wird doch nicht sterben?"

König Phineus hatte den Kopf nach hinten geneigt. Langsam, mit einer fremden und eigentümlichen Stimme begann er zu sprechen:

„Ich sehe das Goldene Vlies im heiligen Tempelhain schimmern ... Ich sehe den fürchterlichen Drachen, der das Vlies bewacht ... Ich sehe den dunklen König Aietes, voll Haß gegen jeden, der sich seinem goldenen Schatz nähert ... Und ich sehe ... Medea ..." Der König seufzte schwer und verstummte.

„Wer ist Medea?" wollte Akastos wissen.

Jason unterbrach Akastos' Frage mit einer abwehrenden Handbewegung, und der König sprach mit lauter Stimme weiter:

„Ich sehe Verrat und Mord und Zauberei ... alles um des Goldenen Vlieses willen. Viele Männer, die mit dem Schiff Argo ausgefahren sind, werden niemals wieder in ihre Heimat zurückkehren ..."

Eine kleine Weile noch saß der König unbeweglich da, dann sank er in sich zusammen. Er schien eingeschlafen zu sein.

Mehrere Männer waren vom Schiff an Land gekommen. Sie hatten sich leise genähert und die letzten Worte des Königs vernommen. In ihnen allen stieg derselbe Gedanke auf: Wer von uns wird es wohl sein, der nicht mehr heimkehrt? Bestürzt sahen sie einander an.

Jason blickte von einem zum andern: „Wer will, der kann das Schiff verlassen", erklärte er schließlich.

Einige Männer schauten verlegen zu Boden.

„Glaubst du wirklich, wir lassen uns durch Weissagungen

Furcht einjagen?“ rief Tiphys lachend. „Ich jedenfalls bin bereit, unsere Fahrt zum Schwarzen Meer augenblicklich fortzusetzen!“

„Es wird wohl keiner von uns das Schiff verlassen wollen“, meinte Lynkeus, und alle anderen stimmten ihm bei.

Ein Pfeifen und Schwirren erfüllte plötzlich die Luft: Es waren des Nordwinds Söhne. Fröhlich und triumphierend über die geglückte Vertreibung der Harpyien kamen sie vom Meer zurück.

Der alte König wachte ebenso plötzlich auf, wie er eingeschlafen war. Es schien, als erinnerte er sich nicht mehr an das, was er gesehen hatte, als er in die Zukunft schaute.

„Wir haben die Harpyien bis Kreta verscheucht!“ rief Kalais. „Dort müssen sie sich jetzt tief unter der Erde in einer Höhle verkriechen!“

„Diese Bestien werden dich niemals mehr belästigen, König Phineus“, versicherte Zetes.

Der König gab einen tiefen Seufzer der Erleichterung von sich. „Habt Dank, habt tausend Dank!“ sagte er.

Bevor die Argonauten ihre Fahrt fortsetzten, warnte sie König Phineus vor den gefährlichen dunkelblauen Felsklippen, die die Einfahrt zum Schwarzen Meer bewachen.

Die Felsen, so berichtete der König, seien beweglich, sie verschieben sich und stürzen gegeneinander, um alles Lebende, das zwischen ihnen hindurchzukommen versucht, zu zerquetschen.

Phineus gab den Argonauten einen guten Rat, wie sie heil durch den schmalen Sund kommen könnten. „Laßt zuerst eine Taube durch die Meeresenge fliegen. Die mörderischen Klippen werden auf sie zustürzen, und wenn sie danach wieder auseinanderzugleiten beginnen, gebt dem Schiff volle Fahrt und rudert so rasch ihr könnt durch den Sund.“

Jason und seine Mannen dankten König Phineus für den Rat, sie verabschiedeten sich, und die Argo setzte ihre Fahrt fort.

Als sich das Schiff dem Sund näherte, nahmen alle Ruderer ihre Plätze ein. Jason ließ eine Taube vorausfliegen, und sogleich begann es in den Felsen zu grollen. Unter ungeheurem

Donnergetöse schlugen die Wände gegeneinander, doch die Taube flog hoch und konnte sich in Sicherheit bringen.

Sobald die Klippen begannen, sich wieder auseinanderzuschieben, rief Jason: „Volle Fahrt!" Die Argonauten ruderten so schnell sie nur konnten, aber sie waren noch nicht weit in den Sund vorgedrungen, da hörten sie schon wieder dieses Donnergeräusch und sahen, wie die Klippen erneut in Bewegung gerieten.

„Rudert rascher!" schrie Tiphys.

„Schneller geht es nicht", keuchte einer der Rudernden. „Die Gegenströmung ist zu stark!"

„Das schaffen wir nicht!" stöhnte ein anderer.

In höchster Not lief Jason zu Orpheus: „Spiel auf deiner Lyra!" beschwor er ihn. „Spiel! Es geht um unser Leben!"

Orpheus ergriff sein Instrument und begann zu spielen. Noch waren die ersten Töne nicht verklungen, da ging es wie ein Zittern durch die gewaltigen Steinmassen, und sie bewegten sich langsamer, so als wollten sie innehalten und lauschen.

„Gleich sind wir durch den Sund!" rief Jason.

„Wir sind erst in der Hälfte", gab Tiphys zurück. „Rudert, rudert so schnell ihr nur könnt."

„Das tun wir ja! Aber die Gegenströmung wird immer stärker!"

Orpheus griff in die Saiten und spielte und spielte. Aber die gewaltigen Steinwände rückten dennoch unbarmherzig näher und näher und drohten das Schiff zu zermalmen.

Plötzlich stieß Lynkeus einen Freudenschrei aus und zeigte gegen den Himmel. Wie in Sonnenlicht getaucht, schwebte eine göttliche Erscheinung auf die höchste Klippe zu, gebot dem Felsen Einhalt und wies dem Schiff den Weg zum offenen Meer: Die Göttin Athene war den Argonauten zu Hilfe gekommen.

Die Männer brachen in Jubel aus. In ihrem Freudentaumel übersahen sie jedoch, daß die gegenüberliegende Felswand weiterhin unablässig auf sie zuglitt. Knapp vor dem Verlassen der Meeresenge geriet das Schiff noch einmal in große Gefahr, zermalmt zu werden. Gebälk splitterte, Holzteile wirbelten durch die Luft, die Argo ächzte in allen Fugen.

„Was ist geschehen?“ rief Jason vom Bug her.

„Achtern wurde ein Stück des Schiffsgeländers losgerissen“, meldete einer der Männer. „Aber ich glaube, es ist kein größerer Schaden entstanden.“

„So ist es uns geglückt!“ rief Jason. „Das Schiff ist durch den Sund. Hab Dank, Athene! Hab Dank!“

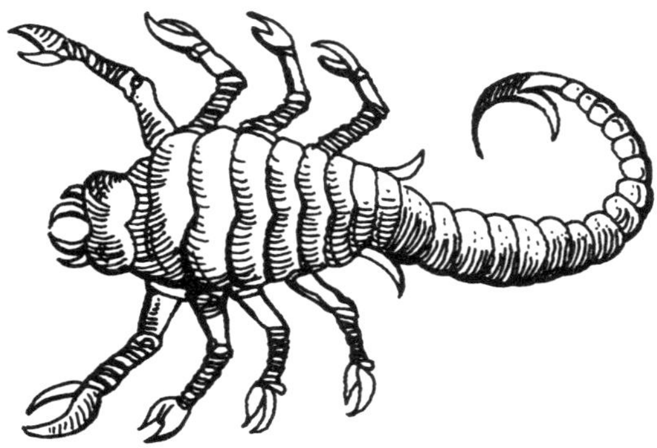

Das Schiff Argo am Himmelszelt

„Es war dies das letzte Mal, daß sich die Felswände des Bosporus bewegten. Seither stehen sie dunkel und regungslos zu beiden Seiten der Meeresenge und bewachen die Einfahrt zum Schwarzen Meer“, beendete Onkel Martin seine Erzählung.

„Sind das nicht dieselben Klippen, von denen du uns schon im Sommer erzählt hast?“ wollte Jan wissen. „Bei der Geschichte vom Jäger Orion und den Pleiaden.“

„Ja. Die Argo soll übrigens als allererstes Schiff den Weg durch diese Enge genommen haben. Niemandem zuvor war es geglückt, die andere Seite des Sundes zu erreichen. Den Argonauten eröffnete sich eine völlig unbekannte Welt.“

„Wo ist denn eigentlich das Argonautenschiff auf der Sternenkarte?“ Voller Neugier beugte sich Kristoffer weit über den Tisch, um besser sehen zu können.

„Da mußt du auf den südlichen Teil schauen. Aber ich glaube nicht, daß dort der Name ‚Argo‘ eingezeichnet ist“, erklärte der Onkel. „Das Schiff ‚Argo‘ oder ‚Argo navis‘, wie es auf Latein heißt, ist nämlich ein besonders großes Sternbild; es setzt sich aus mehreren Teilstücken zusammen. Hier, neben dem Großen Hund, steht ‚Puppis‘, seht ihr das? Das ist der Hinterteil des Schiffes. Und hier, ein Stückchen höher, steht ‚Vela‘, das ist das Segel. Und auf der anderen Seite ist der Kiel, dieser Teil heißt ‚Carina‘.“

„Wie weit muß man eigentlich fahren, um das Schiff Argo am Himmel zu sehen?“ wollte Kristoffer wissen. „Am Ende gar bis zum Südpol?“

„Nun, so weit wieder nicht! Aber auf alle Fälle doch ein gutes Stück nach Süden, bis Nordafrika ungefähr. Wir, hier in Schweden, können dieses wunderschöne Sternbild leider nie beobachten, es liegt immer unter dem Horizont. Aber schon in Mitteleuropa zum Beispiel sieht man im Winter zumindest ein Stückchen von der Argo.“

„Du, Onkel Martin, als du neulich von Orpheus erzählt hast, war aber nicht die Rede davon, daß er auch einer von den Argonauten war", meldete sich Jenny zu Wort.

„Nun, ihr wißt doch, daß alle diese Erzählungen sehr verschieden überliefert worden sind. In den allerältesten Geschichten über das Schiff Argo hat weder Orpheus noch Herakles zur Schiffsbesatzung gehört. In diesen uralten Sagen bestand Jasons Gefolge aus lauter unbekannten Männern. Später erst begann man allmählich einige Helden an Bord kommen zu lassen, und schließlich war dann eine ganze Schar von Berühmtheiten auf dem Schiff angeheuert. Wir dürfen ja nicht vergessen, daß es Jahrhunderte gedauert hat, bis diese Geschichten endlich niedergeschrieben wurden."

„Dieses Abenteuer mit den sechsarmigen Riesen ist besonders toll gewesen!" begeisterte sich Kristoffer. „Aber ich finde, es war nicht anständig von Herakles, seine Freunde im Stich zu lassen. Wer sollte denn statt ihm mit Pfeil und Bogen schießen, wenn es brenzlig wurde?"

„Es gab ja noch einen zweiten Bogenschützen an Bord, einen, der beim Schießen mindestens so tüchtig war wie Herakles. Könnt ihr euch erinnern, wer das war?" fragte der Onkel und lächelte verschmitzt.

„Ja, natürlich!" platzte Jenny heraus. „Eine Frau! Wie hat sie nur geheißen?"

„Atlanta", schlug Kristoffer vor.

„Nein, Atalanta war ihr Name!" sagte Jan. „Von ihr hat uns Onkel Martin aber noch nichts erzählt!"

„Nur Geduld! – Das kommt jetzt!" versprach der Onkel.

Die Fahrt ins Ungewisse

Es war für die Argonauten nicht leicht, in das neue und völlig unbekannte Meer vorzudringen. Die Gegenströmung hielt immer noch an, der Wind blies aus der falschen Richtung, und die Mannschaft sah sich außerstande, die Segel zu hissen. Tag für Tag mußten sich die Argonauten an den Rudern abplagen, das Wetter war launenhaft, und unaufhörlich geriet das Schiff in gewaltige Nebelbänke, die über das grauschwarze Meer daherzogen.

Um sich leichter orientieren zu können, beschloß Jason, die felsige und gefahrvolle Küste entlangzufahren, obwohl der Weg dadurch viel länger wurde.

Die Essensvorräte schmolzen merklich zusammen, und die Argonauten mußten immer öfter an Land gehen, um zu jagen. Als einige von ihnen eines Tages durch einen dichten, schier undurchdringlichen Wald pirschten, hörten sie plötzlich ein Knacken und Krachen im Unterholz. Ein mächtiges Wildschwein stürzte aus dem Dickicht hervor und griff Tiphys an. Einige Kameraden eilten ihm sofort zu Hilfe; Pfeil um Pfeil schossen sie gegen die rasende Bestie, doch die Pfeile vermochten dem Tier nichts anzuhaben. Die Lage war hoffnungslos. Bald hatten sie keine Pfeile mehr – sollten alle dem Untier zum Opfer fallen?

Da tauchte zwischen den Bäumen Atalanta auf.

„Geh nicht weiter!“ warnte Jason. „Hol lieber Hilfe vom Schiff!“

Doch Atalanta hörte nicht auf Jason. Mit ruhiger Hand spannte sie ihren Bogen und näherte sich Schritt für Schritt dem gefährlichen Eber. Da ließ das Wildschwein von Tiphys ab und ging zum Angriff auf Atalanta über. Drohendes Grunzen hallte durch den Wald, mit gesenktem Kopf raste die Bestie auf sie zu, um sie mit den fürchterlichen Hauern aufzuspießen.

„Wirf dich zur Seite!“ schrie Jason.

Jedoch Atalanta blieb stehen, spannte ihren Bogen und sah dem Wildschwein ruhig entgegen. Erst als das Untier nahe genug war, gab sie ihrem Pfeil freien Lauf, und mit einem einzigen Schuß fällte sie den Eber. Dann ging sie zu Tiphys, der regungslos auf dem Boden lag.

„Ich bin zu spät gekommen", sagte sie traurig. „Er ist tot."

„Doch uns hast du gerettet!" rief Jason. „Noch nie in meinem Leben habe ich einen so geschickten Bogenschützen gesehen!"

Die mutige Atalanta hatte ihr Leben riskiert. Doch weder sie selbst noch die anderen konnten sich dieser Tat so recht erfreuen; viel zu schwer bedrückte alle der Tod von Tiphys.

Schweigend knieten die Argonauten neben ihrem toten Gefährten. Dann hoben sie ihn auf ihre Schultern und trugen ihn zum Strand. Dort begruben sie ihn.

Zu Ehren des tapferen Steuermanns errichteten sie ein hohes Denkmal über seiner Grabstätte, und als sie am nächsten Morgen aus der Bucht hinausruderten, erhoben alle Argonauten die Ruder zum letzten Gruß für Tiphys, der niemals heimkehren sollte.

Das Schiff setzte seine Fahrt längs der schwer zugänglichen Südküste des Schwarzen Meeres fort.

Eines Abends, die Sonne war gerade im Untergehen, entdeckten die Argonauten eine Insel.

Noch bevor sie nach einem Anlegeplatz Ausschau halten konnten, hörten sie ein metallisches Rasseln in der Luft. Sie blickten auf und entdeckten eine Vogelschar, die sich in großer Geschwindigkeit dem Schiff näherte.

Das Federkleid der Vögel glänzte wie Kupfer, und als die Vögel das Schiff überflogen, schüttelten sie ihre Flügel so kräftig, daß sich immer wieder Federn daraus lösten und auf das Deck herunterfielen.

„Gebt acht! Die Federn sind scharf wie Pfeile!" schrie Kastor. „Kupferfedern sind das!" Er hielt seinen Schild hoch, um sich zu schützen.

„Das müssen die Kupfervögel sein, die Herakles einmal von Stymphalos vertrieben hat!" rief Jason. „Nehmt Deckung unter euren Schilden!"

„Vorsicht! Dort kommen noch mehr angeflogen!" warnte Pollux.

Da prasselte auch schon ein Sturzregen scharfer Kupferfedern auf die Argonauten nieder. Die Schilde über ihren Köpfen schwingend, gelang es ihnen mit Müh und Not, dem Angriff der Vögel standzuhalten.

Nach einer Zeit, die ihnen wie Ewigkeiten vorkam, ließ der Vogelschwarm von ihnen ab und zog weiter.

Jetzt konnten die Argonauten ihr Schiff endlich zu einem Anlegeplatz rudern.

Pollux, der den Strand beobachtete, entdeckte dort einige Gestalten. „Wer kann denn das sein?" fragte er erstaunt.

Vier Buben standen zwischen den Klippen und sahen der Argo entgegen. Der älteste war ungefähr fünfzehn Jahre, der jüngste wohl nicht mehr als neun. Sie waren schmutzig und mager; ihre Kleider hingen in Fetzen herunter.

„Seltsam – sie haben alle blonde Haare!" rief Pollux. „Sie sehen wie Griechen aus!"

„Wer seid ihr?" rief ihnen Jason zu.

„Wir sind Schiffbrüchige", antwortete der älteste. „Dürfen wir zu euch an Bord kommen?"

„Wartet, bis wir das Schiff an den Strand gerudert haben", gab Jason Bescheid.

Nach ein paar Ruderschlägen stieß der Schiffsbug auf Grund, und Kastor watete mit seinem Bruder Pollux an Land, um das Schiff zu vertäuen. Auf ihrem Rückweg zum Schiff nahmen sie die Jungen mit.

„Woher kommt ihr denn?" erkundigte sich Jason.

„Aus dem Land Kolchis", gab der älteste Auskunft. „Unser Großvater ist dort König."

„Aber er kann uns nicht leiden", berichtete der jüngste. „Und deshalb hat er uns ein Schiff gegeben, das uns nach Griechenland bringen sollte."

„Warum gerade nach Griechenland?" wunderte sich Jason.

„Unser Vater kommt von dort“, stand jetzt der älteste Bub Rede und Antwort. „Aber unser Schiff ist gekentert, und wir wurden auf dieser Insel hier an Land getrieben.“

„Wie heißt denn euer Vater?“ wollte Jason wissen.

„Er ist schon tot. Sein Name war Phrixos.“

Jason starrte die Buben an: „Was, ihr seid Phrixos’ Söhne? Da sind wir ja miteinander verwandt!“

„Wirklich?“ rief der älteste Junge erstaunt.

„Ich heiße Jason und stamme aus demselben Königsgeschlecht wie Phrixos.“

„Ich heiße Melas“, rief der jüngste. „Und der hier, mein ältester Bruder, heißt Kytissoros. Wohin seid ihr unterwegs?“

„Nach Kolchis. Meine Kameraden und ich haben den Auftrag, das Goldene Vlies nach Griechenland zurückzuholen. Wollt ihr uns vielleicht helfen, den Weg zum Land des Königs Aietes zu finden?“

„Was, wir sollen zu unserem Großvater zurück?“ rief Melas erschrocken. „Nie im Leben! Da bleibe ich lieber für immer hier auf dieser gottverlassenen Insel!“

„Ich kann euch nur warnen“, meldete sich nun Kytissoros zu Wort. Er hatte sich erst jetzt von seinem Staunen über diese Begegnung erholt. „Begebt euch nicht nach Kolchis! König Aietes ist grausam und auch sehr mächtig. Er wird sich niemals freiwillig von seinem Schatz, dem Golden Vlies, trennen.“

„Das wird außerdem von einem fürchterlichen Drachen bewacht“, flüsterte Melas geheimnisvoll.

„Wollt ihr nicht lieber wieder in eure Heimat zurückfahren und uns mitnehmen?“ schlug einer der Jungen vor.

Jason schüttelte den Kopf. „Erst wenn wir das Goldene Vlies haben, kehren wir zurück.“

Die vier Buben sahen einander unschlüssig an.

„Was sollen wir nur machen?“ fragte Kytissoros. „Wenn wir nicht mitfahren, müssen wir wohl für immer auf dieser Insel bleiben, fürchte ich.“

Melas begegnete Jasons Blick. Seine Weigerung, mit den Argonauten loszuziehen und ihnen den Weg zu zeigen, tat ihm plötzlich leid.

„Vor der Küste von Kolchis gibt es gefährliche Felsen", sagte er. „Es wird wohl das Beste sein, wir bleiben an Bord und helfen Jason, den Weg zu finden."

Da nickten auch seine Brüder zustimmend. Jason umarmte alle vier und hieß sie an Bord willkommen.

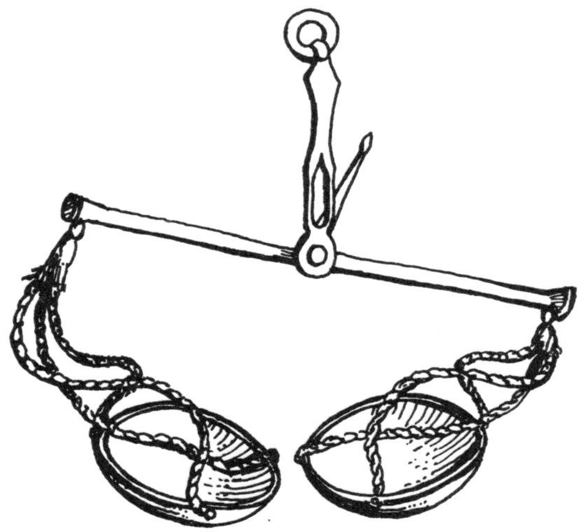

Der unsichtbare Pfeil

Von nun an wiesen die Söhne des Phrixos den Weg nach Kolchis, und nach einigen Tagen erreichten die Argonauten endlich das Ziel ihrer Reise. Sie vertäuten ihr Schiff an einer Flußmündung und gingen an Land. Dort entzündeten sie ein Feuer und brachten der Göttin Aphrodite, die einst selber dem Meer entstiegen war, ein Opfer dar. Zum Dank dafür schickte Aphrodite, die Göttin der Liebe, ihren Sohn Eros auf die Erde. Er sollte Jason helfen.

Zur selben Zeit, da sich Jason an der Spitze seiner Schiffsmannschaft der Burg von König Aietes näherte, traten die beiden Königstöchter Chalkiope und Medea durch die Pforten des Palastes. Just in diesem Augenblick spannte der unsichtbare Eros seinen goldenen Bogen und schoß einen Liebespfeil mitten in Medeas Herz.

Das Mädchen erschrak und griff sich an die Brust.

„Was hast du?“ fragte ihre Schwester. „Du bist ja ganz blaß!“

„Es ist etwas geschehen – aber ich weiß nicht, was“, flüsterte Medea. „Es schmerzt mich im Herzen, und dennoch durchströmt mich ein Glücksgefühl. – Chalkiope, wer ist dieser Mann, der uns da entgegenkommt? Ich meine den mit den langen blonden Haaren.“

„Ich kenne weder ihn noch einen aus seinem Gefolge“, antwortete Chalkiope. „Obwohl ...“

Sie unterbrach sich und starrte auf die vier Buben, die jetzt hinter Jason auftauchten.

„Sind das nicht meine Söhne ...?“ flüsterte sie und wagte kaum, ihren Augen zu trauen.

Karte VI: Sternbilder LÖWE (links) und KREBS (rechts). *Zu der ihnen angemessenen Zeit (vom 21. Juni bis 23. August) könnte man sie an der Stelle am Himmel, welche die nebenstehende Karte bezeichnet, nur untertags sehen – was nicht möglich ist, deshalb z.B. am 15. Februar um 21 Uhr mit Blick* Richtung Osten, *oder am 1. März um 20 Uhr.*

Da hatte auch Melas sie erblickt. „Mutter!“ rief er und stürzte ihr mit weit geöffneten Armen entgegen.

„Wie sehr ich euch vermißt habe!“ Liebevoll umarmte Chalkiope ihre Söhne.

„Wir haben Schiffbruch erlitten, Mutter! Aber wir konnten uns auf eine einsame Insel retten“, berichtete Melas stolz.

„Und Jason und seine Schiffskameraden haben uns hierher mitgenommen“, berichtete Kytissoros weiter. „Sie kommen, um das Goldene Vlies zu holen.“

Chalkiope erstarrte vor Schreck. „Was sagt ihr da?“

„Hab keine Angst“, mischte sich Jason in das Gespräch ein. „Wir kommen nicht, um das Vlies mit Gewalt an uns zu nehmen. Wir wollen König Aietes im Guten bitten, uns das Widderfell zu geben. Schließlich wissen ja alle, daß der Widder ursprünglich von Griechenland gekommen ist. Deshalb gehört sein Fell von Rechts wegen dorthin.“

„Glaubt ja nicht, daß euch mein Vater das Vlies kampflos überläßt!“ rief Chalkiope.

Melas sah seine Mutter an. „Jason hat unser Leben gerettet. Bitte, versuch doch, ihm zu helfen“, bat er.

Unschlüssig stand Chalkiope da. Schließlich sagte sie zögernd: „Da weiß ich nur einen einzigen Menschen, der ihm beistehen könnte.“

„Und wer ist das?“ fragte Jason.

Chalkiope zeigte auf ihre Schwester. „Medea, meine Schwester. Sie ist Priesterin im Tempel der Hekate. Und sie beherrscht die Zauberkunst genausogut wie Vater.“

Jason blickte zu Medea. Schweigend, die Augen gesenkt, stand die ernste Prinzessin neben ihrer Schwester.

„Sag, willst du uns helfen?“ fragte er.

Doch Medea antwortete nicht. Sie verbarg ihr Gesicht hinter ihrem Silberschleier und wandte den Kopf ab.

„Verzeih. Du willst, daß wir dich in Ruhe lassen“, sagte Jason und schickte sich an, wegzugehen. Doch da berührte Medea seine Hand.

„Wenn du meine Hilfe brauchst, so findest du mich im Tempel der Hekate. Ich werde dort sein, wenn der Mond aufgeht“, sagte sie leise. Erschrocken zuckte sie zusammen. „Da kommt mein Vater! Geh und begrüße ihn. Doch laß dir nicht anmerken, daß du mit mir gesprochen hast!"

Noch bevor Jason sich bedanken konnte, war Medea verschwunden.

Hoch oben, auf der breiten Treppe, die zum Palast führt, stand König Aietes. Mit dunklem, prüfendem Blick sah er auf Jason herab. Feindseligkeit war ihm ins Gesicht geschrieben.

Zwar nahm der König die Argonauten mit scheinbarer Freundlichkeit als seine Gäste auf und lud sie auch zu einem großen Festmahl, doch Jason hatte von allem Anfang an des Königs böse Gesinnung gespürt.

Als Aietes ihn am nächsten Morgen zu sich rief, sah Jason zu seiner Verwunderung, daß der König seine ganze Leibwache hatte versammeln lassen.

„Was soll das bedeuten, König Aietes? Überall stehen deine Krieger bereit. Wo immer ich gehe, sind Speerspitzen gegen mich gerichtet – gerade so, als würden wir Argonauten deine Feinde sein!"

„Wer sagt, daß ihr das nicht seid?" antwortete der König. „Ich befehle euch, mein Reich unverzüglich zu verlassen. Nicht einen einzigen von euch Griechen werde ich in meinem Land dulden! Und wenn ihr meinem Befehl nicht Folge leistet, werde ich euer Schiff in Brand setzen und euch fortprügeln lassen wie Hunde!"

„Womit haben wir deinen Zorn erregt, König Aietes?"

„Das fragst du noch?" schrie der König voller Wut. „Wo doch dein einziges Sinnen und Trachten danach steht, mein Reich zu erobern!"

„Das ist nicht wahr! Wir sind in friedlicher Absicht gekommen und bitten dich nur, uns das Goldene Vlies zu geben."

Der König sah Jason argwöhnisch an. „Wie kann ich wissen, ob du des Goldenen Vlieses würdig bist? Dieser Schatz kann schließlich nicht jedem Dahergelaufenen überlassen werden."

„Ich stamme vom selben Königsgeschlecht wie Phrixos!"

„Schaff mir Beweise!“
„Ich habe den Mut und die Kraft eines Königssohnes. Stelle mich auf die Probe!“
„Das werde ich tun“, sagte der König, der einsah, daß Jason durch nichts abzuschrecken war. „Hör zu: Hephaistos, der Gott des Feuers, schenkte mir einst zwei prachtvolle Stiere mit Hufen aus Kupfer. Außerdem gab er mir einen Pflug, den er selbst aus einem einzigen Stück Eisen geschmiedet hat. Die Stiere sind schrecklich wild, sie schnauben Feuer und Rauch aus ihren Nüstern. Doch mir ist es gelungen, sie zu zähmen, vor den Pflug zu spannen und eine tiefe Furche durch den Ackerboden zu ziehen. Wenn es auch dir gelingen sollte, eine solche Tat zu vollbringen, dann sei das Goldene Vlies dein!“
„Und wann soll dies geschehen?“ fragte Jason.
„Morgen früh!“
„Es sei. Bei Sonnenaufgang werde ich an dem Ort sein, wo deine Stiere grasen.“
Jason verließ die Königsburg und ging zurück zum Schiff. Seine Kameraden erwarteten ihn schon voller Ungeduld. Er berichtete, was der König von ihm forderte. Sie beratschlagten lange, doch niemand wußte, wie man der wilden Stiere am besten Herr werden könnte.
Da erinnerte sich Jason der Königstochter Medea, die ihm ihre Hilfe angeboten hatte. Vielleicht konnte er bei ihr Rat und Unterstützung finden? Des Nachts, als alle schliefen, machte er sich auf den Weg zum Tempel der geheimnisvollen Hekate, der Göttin des Mondes und der Zauberkunst.
Dort fand er Medea. Sie lag auf dem Fußboden und schlief.
„Medea“, flüsterte Jason. „Medea, wach auf!“
Unruhig bewegte sich Medea im Schlaf. Plötzlich seufzte sie tief. Jason kniete neben ihr nieder.
„Wach auf, Medea“, flüsterte er abermals und strich ihr über die Wangen.
Da fuhr Medea aus dem Schlaf und starrte mit weitgeöffneten Augen auf Jason.
„Wer bist du?“
„Ich bin Jason!“

Medea schien ihn nicht wiederzuerkennen. „Jason?“ flüsterte sie verwirrt und strich sich eine Haarsträhne aus dem Gesicht.

„Ja, Jason, der Fremdling, dem du zu helfen versprochen hast. Erinnerst du dich nicht?“

Und als sie nicht antwortete, sprach er weiter: „Was ist geschehen, Medea? Du hast im Schlaf geweint.“

„Oh, ich hatte einen bösen Traum. Ich träumte ...“, begann Medea zögernd, „... ich floh mit einem Fremden weit übers Meer ... und in der Ferne verschwand die Stätte meiner Kindheit. Verschwand für immer. Was für ein schmerzlicher Traum!“

Sie verstummte. Ihr Blick war in die Ferne gerichtet. Jason berührte ihre Hand. Sie zuckte zusammen.

„Nein, sag nichts“, flüsterte sie leise. „Ich weiß, weshalb du gekommen bist, und ich werde dir helfen, was immer auch geschehen mag.“

Langsamen Schrittes ging sie zu einer Säule. Von den Urnen, die dort standen, wählte sie eine aus, ging zurück zu Jason und kniete nieder.

„Nun hör gut zu! Hekate selbst hat mich die Kunst des Heilens und des Zauberns gelehrt. In dieser Urne hier ist eine wundertätige Salbe aus Kräutern von den hohen Bergen des Kaukasus. Die Kräuter sprossen aus dem Blut von Prometheus’ Leber und besitzen eine besondere Kraft. Wenn du deinen Körper mit dieser Salbe bedeckst, wirst du so stark, daß dir die wilden Stiere meines Vaters nichts anhaben können. Komm, leg deine Rüstung ab. Ich zeige dir, wie du dich einsalben mußt.“

Jason schnürte seine Lederrüstung auf und ließ sie zu Boden gleiten.

„Reich mir deinen Arm“, sagte Medea leise und sah ihn an. Da entdeckte Jason den seltsamen Goldglanz in ihren Augen. Verwirrt streckte er seinen Arm aus.

„Du zitterst ja. Hast du Angst?“ fragte Medea. Zum ersten Mal bemerkte Jason ein Lächeln in ihrem Gesicht.

„Wäre ich hierher, in den Zaubertempel, gekommen, wenn ich Angst hätte?“ entfuhr es ihm, und er versuchte, das Zittern seines Armes zu beherrschen. Doch während Medea ihn einzusalben begann, erfüllten ihn seltsame Gefühle.

„Man muß die Salbe fest einreiben. Siehst du – so. Nicht den kleinsten Fleck auf der Haut darfst du freilassen“, erklärte Medea. Dann reichte sie ihm die Urne: „Morgen früh, bevor du zu den Stieren gehst, mußt du dich von Kopf bis Fuß genauso gründlich und sorgfältig einsalben. – Nein, bedanke dich nicht. Geh jetzt, und beeil dich. Geh, solange der Mond sich hinter den Wolken verbirgt. Und vergiß nicht, was ich dir gesagt habe.“

Ganz benommen und noch immer verwirrt, begab sich Jason zurück auf das Schiff und legte sich zur Ruhe. Doch Schlaf fand er keinen in dieser Nacht.

Die Drachensaat

Sobald die Sonne aufging, begab sich König Aietes in voller Rüstung zu dem Feld, das Jason mit den Stieren zu pflügen hatte. Die Argonauten waren bereits zur Stelle, und eine Schar Schaulustiger hatte sich ebenfalls eingefunden.

Ein kleiner Hügel diente der königlichen Familie als Aussichtsplatz. Auch der junge Königssohn Apsyrtos, seine Schwester Chalkiope und ihre Söhne waren gekommen, um dem spannenden Ereignis beizuwohnen. Nur Medea war nirgends zu sehen.

Auf ein Zeichen des Königs betrat Jason das riesige Feld. Im nächsten Augenblick ertönte wildes Gebrüll, und zwei gewaltige Stiere stürzten aus einer Höhle hervor. Ihre blitzenden Hufe wirbelten Erde und Steine hoch, aus ihren Nüstern sprühten Feuer und Rauch. Kaum hatten sie Jason entdeckt, da rasten sie ihm schon mit gesenkten Hörnern entgegen.

Voller Angst wichen die Zuschauer zurück.

„Schau nicht hin!" rief Chalkiope und drückte ihren kleinen Sohn Melas an sich. „Die Stiere werden Jason töten. Komm, laß uns weggehen!"

Doch Melas riß sich los.

„Sieh nur", schrie er, „Jason hat die Stiere an den Hörnern gepackt. Und jetzt – jetzt drückt er sie zu Boden ..."

Die Menge hielt den Atem an, und noch ehe jemand fassen konnte, was geschah, war es Jason gelungen, die Stiere ins Joch zu zwingen und sie vor den Pflug zu spannen – und sogleich setzte er an, eine tiefe Furche in den Ackerboden zu pflügen.

Alle Argonauten jubelten laut.

„Bravo, Jason!" schrie Melas.

Der König jedoch sagte kein Wort, er runzelte nur die Stirn. Chalkiope sah die düstere Miene ihres Vaters. „Das bedeutet nichts Gutes", flüsterte sie.

„Jetzt ist Jason schon in der Mitte!" rief Melas begeistert. „Ich wette, daß er es schafft."

Als Jason die erste Furche fertiggepflügt hatte, jubelten die Argonauten aufs neue, doch Jason blieb nicht stehen – nein, er wendete und setzte zur nächsten Furche an.

Melas geriet außer Rand und Band: „Das hat nicht einmal Großvater geschafft!"

Furche um Furche pflügte Jason. Erst als das ganze Feld umgeackert war, gab er sich zufrieden und spannte die Stiere aus.

„Oh, ihr Götter!" rief Chalkiope erschrocken. „Die Stiere werden ihn zerreißen!"

Doch die Stiere wagten kaum aufzuschauen. Froh, das Joch loszusein, schüttelten sie sich, und mit fliegenden Schwänzen galoppierten sie übers Feld davon und verschwanden in ihrer Höhle.

„Bravo, bravo!" Melas hüpfte vor Begeisterung hin und her. Der Jubel der Zuschauer wollte kein Ende nehmen. Stolz und glücklich ging Jason zum König.

„Nun, bist du zufrieden, König Aietes?" fragte er. „Habe ich die Probe bestanden?"

„Den ersten Teil der Prüfung hast du bestanden", antwortete der König unbewegten Antlitzes. „Nun zeige, ob du den nächsten Teil ebenso gut bewältigst."

„Den nächsten Teil?" Jason war erstaunt. „Was willst du denn noch von mir?"

„Du mußt in die Furchen, die du gepflügt hast, auch s ä e n. Hier, in diesem Helm, ist das Saatgut."

König Aietes überreichte Jason einen alten Helm, vollgefüllt mit eigenartigen kleinen Dingern, die ganz und gar nicht Saatkörnern glichen.

„Was sind das für wunderliche Samen, die du mir da gibst?" fragte Jason überrascht.

„Drachenzähne sind das", sagte der König, ohne Jason anzusehen. „Sowie sie in die Erde kommen, fangen sie an zu sprießen und zu reifen. Darum rate ich dir: sei schnell! Denn du mußt dich auch sogleich um die Ernte kümmern."

„Das wird wohl nicht so schwer sein." Jason nahm den Helm und ging lachend hinunter zu seinen Ackerfurchen.

Medea stand plötzlich neben ihrer Schwester. „Chalkiope",

flüsterte sie ängstlich. „Was ist in dem Helm, den Jason von unserem Vater bekommen hat?"

„Drachenzähne. Jason soll sie in die Ackerfurchen säen."

„Drachenzähne?" rief Medea erschrocken. „Oh, ich hätte es ahnen müssen."

Hilfesuchend sah sie sich um. Da erblickte sie Melas. „Willst du mir helfen, Melas?"

Der Junge nickte.

„Wir müssen Jason warnen! Lauf so schnell du kannst zu ihm und flüstere ihm ins Ohr, daß er sofort, wenn die Saat zu sprießen beginnt, einen Stein hineinwerfen muß – mitten in das, was da heranwächst. Beeil dich! Es geht um Jasons Leben!"

Verwundert sah Chalkiope ihre Schwester an. „Was hast du? Wieso bist du so aufgeregt?"

„So schau doch selbst! Siehst du denn nicht, was dort, wo Jason sät, geschieht? Was dort aus den Furchen wächst?"

Ein eigentümlich grollendes Geräusch wurde hörbar. Es schien aus der Tiefe des Ackerbodens zu steigen – immer lauter und bedrohlicher schwoll es an, und gleichzeitig gerieten die Erdschollen in Bewegung. Etwas Blankes und Glitzerndes wuchs aus der Erde empor.

„Ein Kriegerhelm!" rief Chalkiope entsetzt. „Und noch einer! Und dort – noch einer. Und noch einer!"

Überall wuchsen furchterregende Krieger aus dem Boden. Sie wuchsen, wurden größer und größer, sie überfluteten das Feld.

„Jetzt – jetzt haben sie Jason erblickt, und schon stürzen sie sich auf ihn ..." Chalkiope schlug die Hände vors Gesicht. „Sie werden ihn erschlagen!"

In diesem Augenblick hatte Melas Jason erreicht und flüsterte ihm Medeas Botschaft ins Ohr. Sofort nahm Jason einen Stein und warf ihn mitten unter die schrecklichen Krieger.

Als der Stein zwischen ihnen aufschlug, geschah etwas Eigenartiges. Die Kämpfenden ließen von Jason ab und gingen mit gezückten Schwertern und Lanzen aufeinander los.

„Es ist geglückt!" jubelte Medea. „Jetzt bringen sich diese mörderischen Ungeheuer selbst um. Jason wird als Sieger das Schlachtfeld verlassen."

„Medea, nimm dich in acht", warnte Chalkiope leise. „Vater schaut zu dir her. Sein Blick verkündet Unheil."

„Er ahnt wohl, wer Jason geholfen hat. Ich fürchte, bald wird mich seine Rache treffen." Alle Freude war aus Medeas Gesicht gewichen.

Noch ehe die Dämmerung hereinbrach, lagen die schrecklichen Krieger alle tot auf dem Feld.

Jason hatte die Prüfung bestanden.

Ohne auch nur ein Wort zu sagen, verließ der König den Hügel.

Im feierlichen Triumphzug geleiteten die Argonauten ihren siegreichen Anführer zum Schiff zurück.

Während der Nacht geschah Seltsames: Die toten Krieger, ihre Helme, ihre Waffen – alles verschwand, wurde wieder zu Erde.

Die Beschwörung

In der dunklen, mondlosen Nacht lag die Argo vor Anker. Die Besatzung schlief, nur die Zwillinge Kastor und Pollux hielten Wache. Eintönig glucksten die Wellen gegen das Schiff.

Plötzlich packte Pollux seinen Bruder am Arm: „Was ist das für ein Geräusch? – Hörst du? Schon wieder! Dort, achtern, an der Schiffswand ..."

Kastor spähte ins Dunkel hinein. „Bewegt sich dort nicht etwas?" fragte er leise.

Pollux beugte sich über Bord, um besser sehen zu können. „Ich glaube, es will jemand auf unser Schiff", stellte er fest.

„Sollen wir Alarm schlagen?" flüsterte Kastor.

Pollux antwortete nicht, sondern bedeutete Kastor nur, ihm zu folgen. Vorsichtig schlichen die beiden das Deck entlang. Bei den Trossen angekommen, entdeckten sie eine Gestalt, die sich am Schiffsgeländer anklammerte. Blitzschnell sprangen die Brüder gegen den Eindringling und zogen ihn hoch.

Mit einem leisen Seufzer sank ihnen die völlig durchnäßte Gestalt zu Füßen. „Habt Dank", flüsterte sie kaum hörbar.

Verblüfft sahen die beiden Brüder einander an: „Das ist ja eine Frau!" rief Kastor.

„Wer bist du?" fragte Pollux.

„Ich bin Medea, König Aietes' Tochter. Bitte, weckt Jason und die übrige Mannschaft. Aber seid leise, des Königs Späher dürfen nichts bemerken!"

Pollux eilte sogleich davon, doch Kastor blieb bei Medea. „Was ist geschehen? Was willst du hier auf dem Schiff, mitten in der Nacht?" wollte er wissen.

„Ich suche Schutz. Und ich will euch vor meinem Vater warnen."

„Du frierst ja in deinen nassen Kleidern! Da, nimm meinen Mantel!" Kastor legte seinen Mantel um Medeas Schultern. „So, und jetzt erzähle!"

„König Aietes hat alle seine Männer in der Burg versammelt.

DIE ARGONAUTENFAHRT

ARGO NAVIS

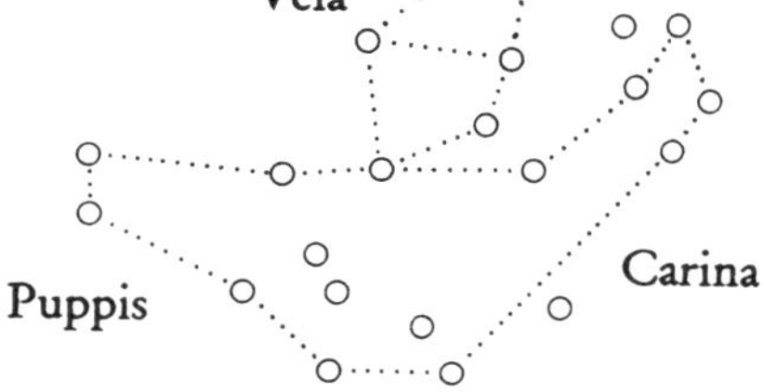

1 Iolkos (Beginn und Ende der Argonautenfahrt)
2 Samothrake (Tempel)
3 Bäreninsel (Riesen)
4 Insel vor Thrakien (Überfall der Harpyien)
5 Bosporus (bewegliche Felsklippen)
6 Kampf mit dem Eber
7 Überfall der Kupfervögel
8 Kolchis (Drache bewacht das Goldene Vlies)
9 Insel Aiaia (Kirke)
10 Meeresstraße von Messina (Skylla und Charybdis)
11 Tritonis-See (Garten der Hesperiden)

Sie beratschlagen, wie sie euch am besten überlisten und gefangennehmen können."

Raschen Schrittes kam Jason auf Medea zu. „Ist das wahr, Medea? So also hält König Aietes sein Versprechen?"

„Glaub mir, Jason", bat Medea und griff nach seiner Hand. „Ihr müßt sofort die Anker lichten. In aller Stille müßt ihr fort von hier. Sonst werdet ihr alle gefangengenommen."

„Und das Goldene Vlies? Was ist mit dem Goldenen Vlies? Ich m u ß es haben!"

„Ich versprach, dir zu helfen, und das werde ich auch tun."

„Wie stellst du dir das vor?"

„Befiehl deinen Männern, das Schiff flußaufwärts zu rudern. Es muß aber alles ganz leise geschehen. Niemand von des Königs Leuten darf etwas bemerken. Wenn wir in der Nähe des Tempelhains sind, rudern wir das Schiff ins Schilf hinein und gehen an Land."

Auf ein Zeichen Jasons wurde die Argo zum Start bereit gemacht.

Jason wandte sich Medea zu und kniete neben ihr nieder.

„Du frierst ja noch immer", sagte er. „Komm, nimm auch noch meinen Mantel."

Medea verbarg ihr Gesicht in den Händen und schluchzte.

„Warum weinst du?" fragte Jason.

„Ich habe meinen eigenen Vater verraten." Medeas Stimme klang unsagbar traurig. „Selbst wenn es mir gelingt, seinem Zorn zu entkommen, so muß ich doch in aller Zukunft wie eine Geächtete leben – fern von meinem Heimatland."

„Du kommst mit mir nach Griechenland, als meine Königin. Griechenland soll deine neue Heimat sein!" rief Jason und erhob sich. „Kastor und Pollux, ich will, daß ihr Zeugen seid, wenn ich hier und jetzt schwöre, Medea niemals zu verlassen. Und auch ihr müßt schwören, ihr stets zur Seite zu stehen und ihr zu helfen, falls mir etwas zustoßen sollte."

Kastor und Pollux erhoben gleichzeitig die Hand zum Schwur: „Ja, das schwören wir – im Namen aller Argonauten."

Die Männer wickelten Tuchstreifen um die Ruderstangen.

So glitt das Schiff unhörbar flußaufwärts. In der Nähe des heiligen Tempelhains kletterten Jason und Medea an Land.

Als sie dem Heiligtum näherkamen, sahen sie den Drachen. Er reckte seinen stacheligen Hals durch die Zweige und schnaubte.

„Wir müssen ganz leise sein. Vielleicht hat er uns schon gehört", warnte Medea.

Das drohende Schnauben wurde immer lauter. Im Inneren des Haines wälzte sich der mächtige Körper des Drachen, Feuer und Rauch spie er aus seinen Nasenlöchern. Groß und fürchterlich blähte sich das Untier auf.

Medea war stehengeblieben. Erst als der Drache sich wieder beruhigt hatte, nahm sie Jason an der Hand, und vorsichtig schlichen beide weiter. Ein schwacher Lichtschein schimmerte ihnen durch die Zweige der Bäume entgegen.

„Das Goldene Vlies!" flüsterte Medea. „Bleib hier stehen, von jetzt an gehe ich allein."

Sie zog ein kleines Fläschchen aus ihrem Gürtel: „Das ist ein Schlaftrunk. Ich werde ihn dem Drachen in die Augen spritzen. Sobald er eingeschlafen ist, gebe ich dir ein Zeichen. Dann schleichst du dich an die Eiche heran, kletterst hinauf und holst das Vlies. Doch jetzt sei still. Rühr dich nicht von der Stelle – was auch immer geschehen mag."

Wie ein Schatten glitt Medea zwischen den Baumstämmen auf die Eiche zu. Wieder begann das Ungeheuer zu schnauben, und sein widerlicher Atem machte Medea ganz benommen. Trotzdem ging sie unbeirrt auf den Drachen zu. Die Arme beschwörend emporgehoben, begann sie ihren eintönigen und einschläfernden Zaubergesang zu singen:

„Hekate! Todesgöttin, Zauberin, du,
schreitend über die Gräber des Nachts:
Hilf mir verzaubern das schreckliche Tier,
laß schlafen den wütenden Drachen."

Der Drache begann den Kopf hin und her zu wiegen, und sein Schnauben wurde immer sanfter. Einmal noch bäumte er sich auf und blies Feuer und Rauch aus seinem Rachen. Medea schüttete ihm den Schlaftrunk in die Augen und sang:

„Göttin des Mondes, leuchte mir sanft,
sende mir Hypnos, den Gott des Schlafs!
Hypnos, laß du den Schlaftrunk wirken.
Mach, daß der Drache in Schlaf versinke.“

Langsam senkte sich das Drachenhaupt tiefer und tiefer, während Medea mit leiser Stimme ihr einschläferndes Beschwörungslied weitersang:

„Hypnos, Schlafgott, hilf mir nun,
hilf mir Hypnos,
Hypnos, hilf!
Hypnos, Hypnos, Hypnos!“

Wieder hielt Medea ihre Arme beschwörend emporgehoben. Ihr Gesang war noch nicht zu Ende, da schlief der Drache schon.

Jetzt gab Medea das Zeichen. Und während sie leise weitersummte, erkletterte Jason die Eiche. Er nahm das Goldene Vlies an sich und stieg hinunter zu Medea.

Behutsam berührte er ihren Arm: „Ich habe das Vlies“, flüsterte er. Medea summte das Schlaflied weiter, und langsam, mit leisen Schritten, entfernten sich die beiden.

Etwas später zeigte sich der Mond zwischen den Wolken. Doch zu Medeas Schutz ließ ihn Göttin Hekate gleich wieder untertauchen.

Im Dunkel tasteten sich Jason und Medea dem Flußufer zu. Der Lichtschein, den das Goldene Vlies ausstrahlte, half ihnen, den Weg zurück zum Schiff zu finden.

Das sprechende Schiff

Als Jason und Medea an Bord stiegen, saßen die Argonauten schon an den Rudern, bereit zum sofortigen Start. Sie stießen sich ab, und lautlos glitt das Schiff flußabwärts, dem Meer zu. Dort wurden die Segel gehißt, und im Morgengrauen war die Argo schon ein gutes Stück draußen in den gewaltigen Weiten des Schwarzen Meeres.

Die Sonne stand noch nicht hoch am Himmel, da entdeckte der scharfäugige Lynkeus, daß sie verfolgt wurden.

„Die Flotte des Königs Aietes ist hinter uns her!" meldete er von seinem Aussichtsposten.

„Setzt mehr Segel!" befahl Jason.

„Es sind schon alle Segel gesetzt! Die Schiffe des Königs sind leichter. Sie sind viel rascher als wir. Wir haben keine Möglichkeit, ihnen zu entkommen!"

„Sollen wir uns zum Kampf bereit machen?" fragte Kastor.

Jason nickte stumm.

Während die Agonauten zu ihren Waffen eilten, rückten die schnellen Verfolgerschiffe in immer bedrohlichere Nähe.

„Das erste Schiff kommt schon in die Reichweite unserer Pfeile!" rief Lynkeus.

Medea stand auf dem Achterdeck. Um besser sehen zu können, schirmte sie mit der Hand das Sonnenlicht ab. Plötzlich griff sie nach Jasons Arm.

„Schau! Der Mann dort hebt einen Enterhaken, sie werden die Argo stürmen! Rasch, nimm deinen Bogen. Beeil dich. Schieß ihm einen Pfeil in die Brust!"

Jason hob seinen Bogen, zielte und schoß. Zu Tode getroffen, stürzte der Mann ins Meer.

Ein Schrei der Verzweiflung ertönte: „Apsyrtos!" Es war des Königs Stimme.

Entsetzt starrte Jason auf Medea. „Apsyrtos? Das ist doch der Name deines Bruders. Medea! Ich werde doch nicht deinen Bruder getötet haben?"

Medea antwortete nicht. Sie senkte den Kopf und hielt sich die Hände vors Gesicht.

„Was ist denn dort los, an Bord des Königsschiffes?“ rief Pollux. „Sie reffen die Segel und versuchen zu wenden. Und die anderen Schiffe folgen ihrem Beispiel.“

„Sie suchen nach dem Jüngling, den Jasons Pfeil getroffen hat. Er ist ins Meer gestürzt“, meldete Lynkeus.

„Medea, hast du denn deinen eigenen Bruder nicht erkannt?“ fragte Jason und packte sie am Arm.

Medea brach in Tränen aus. „Die Sonne blendete mich“, schluchzte sie. „Ich konnte sein Gesicht nicht erkennen – ich sah nur den Enterhaken drohend gegen die Argo gerichtet. Ich war wie von Sinnen vor Angst.“

Jason konnte es nicht fassen. „So habe ich deinen Bruder getötet“, sagte er mit dumpfer Stimme. „Große Schuld lastet nun auf uns. Dafür werden wir schwer zu büßen haben.“

Medea schwieg. Sie wußte, daß sie sich eines schweren Verbrechens schuldig gemacht hatte; denn einen Verwandten zu töten – selbst wenn dies aus Versehen geschah –, war die schlimmste Untat, die man begehen konnte.

Ein frischer Wind kam auf, füllte die Segel, und die Argo beschleunigte ihre Fahrt.

„Es ist uns gelungen! Wir sind unseren Verfolgern entkommen!“ rief Pollux.

König Aietes dachte nicht mehr daran, die Argo weiter zu verfolgen. Seine Schiffe lagen dort, wo Apsyrtos ins Meer gestürzt war, und alle suchten nach dem Königssohn.

Die Argo setzte ihre Fahrt fort. Bald waren die königlichen Schiffe hinter dem Horizont verschwunden.

Der Wind wurde immer stärker, ein Sturm brach los, und die Argonauten bekamen alle Hände voll zu tun. Von einer haushohen Welle zur anderen wurde das Schiff geschleudert, es knarrte und krachte in allen Fugen.

„Wir müssen in eine windgeschützte Bucht! Wir müssen vor Anker, sonst sind wir verloren!“ rief Pollux.

„Legt die Ruder um! Wir drehen steuerbords und setzen Kurs gegen Land!“ befahl Jason.

Doch es geschah nichts.

„Das Schiff gehorcht dem Ruder nicht!“ schrie der Steuermann. „Wir treiben in voller Fahrt gegen die Felsklippen!“

„Mit diesem Sturm bestrafen uns die Götter, weil wir Apsyrtos getötet haben!“ rief Jason verzweifelt.

Kastor kam gelaufen. „Jason, im Schiffsbug ist ein sonderbares Geräusch. Wie ein Stöhnen und Seufzen kommt es mir vor. Gerade so, als versuche das Schiff zu reden. Horch doch ...“

Jason lauschte, und da hörte auch er diese seltsamen Laute. Dumpfes Ächzen und Klagen ertönte vom Bug her. „Mörder ...“ – und nach einer Weile kam es noch einmal: „Mörder ...“

„Das ist die Stimme der Argo“, flüsterte Jason. Er erinnerte sich sofort: ein Balken aus dem heiligen Holz der sprechenden Eiche war von Argos, dem Erbauer, in den Bug eingefügt worden. Das Schiff, so ging das Gerücht, könne nicht nur sprechen, sondern sogar die Zukunft vorhersagen.

„Jason und Medea! Blutschuld lastet auf euch!“ setzte das Schiff seine Anklage fort. „Furchtbares Unheil wird euch treffen, wenn niemand euch von dieser Schuld befreit!“

„Wer ist ermächtigt, uns zu befreien?“ fragte Jason.

„Nur eine einzige vermag dies: Die Zaubergöttin Kirke“, gab das Schiff zur Antwort.

„Dann gelobe ich, daß wir sofort und ohne Aufenthalt zur Insel der Zaubergöttin Kirke fahren!“ rief Jason. Wie zum Schwur erhob er feierlich seine rechte Hand. Im selben Augenblick beruhigte sich der Sturm, die Meereswogen glätteten sich, und das Schiff gehorchte wieder dem Ruder.

Die Insel der Zaubergöttin

Es war eine unendlich lange und gefährliche Fahrt voller Umwege, die die Argonauten nun vor sich hatten. Sie ruderten und segelten viele Tage und Nächte, bis sie eines Abends an die Westküste Italiens gelangten. Dort lag Aiaia, die felsige Insel der Zaubergöttin Kirke.

In einer Bucht gingen sie vor Anker. Jason und Medea stiegen an Land und machten sich, gefolgt von Kastor und Pollux, auf die Suche nach Kirkes Palast. Die anderen blieben auf dem Schiff, um sich von den Anstrengungen der langen Fahrt auszuruhen.

Nur Akastos hielt Wache. Vom Inneren der Insel hörte er immer wieder gespenstisch klagende Laute. Und als er plötzlich zwei Gestalten auftauchen sah, die sich dem Schiff näherten, wurde ihm angst und bang.

„Wer ist da?“ rief er.

„Wir sind es, Kastor und Pollux“, kam die Antwort.

„Wieso seid ihr denn schon zurück?“ wunderte sich Akastos. „Wo sind Jason und Medea?“

„Die sind noch in Kirkes Palast“, gab Kastor Auskunft. „Die Zaubergöttin erkannte in Medea sofort eine Verwandte – der goldene Glanz in Medeas Augen verriet ihr die gemeinsame Herkunft vom Sonnengott Helios. Und so durften Medea und ihr Gatte Jason in den Palast.“

„Uns aber wurde der Eintritt verwehrt. – Hier sind wir also wieder!“ lachte Pollux, und mit einem Riesensprung landete er an Bord.

Ein schrilles, pfeifendes Geräusch zischte in diesem Augenblick durch die Luft, und eine riesige Stichflamme schlug vom Mast empor. Als gleich danach Kastor an Bord sprang, wiederholte sich dieses seltsame Schauspiel.

„Das sehe ich nicht zum ersten Mal!“ rief Akastos. „Immer, wenn ihr zwei an Bord kommt, flammt Feuer über dem Schiffsmast auf. Damals, auf der Insel Samothrake, als ihr vom heiligen Tempel zurückgekommen seid, habe ich das zum ersten Mal beobachtet. Ihr habt mir nie erzählt, was sich in diesem Tempel zugetragen hat."

Kastor legte seinen Arm um Akastos' Schulter und zeigte auf den Himmel: „Siehst du die zwei hellen klaren Sterne dort oben?"

Akastos nickte, und Kastor fuhr fort: „Auf Samothrake sind meinem Bruder und mir die Götter erschienen, und wir sind in die Mysterien der Insel eingeweiht worden. – Als wir an jenem Abend zum Schiff zurückkehrten und eine Flamme vom Schiffsmast zum Himmel emporschlug, entzündete sie diese beiden Sterne."

„Und sie bekamen unsere Namen", sprach Pollux weiter. „Der obere gehört Kastor, und der andere, der so golden leuchtet, ist meiner. Diese Sterne sollen den Seefahrern helfen, in der Nacht ihren Weg zu finden."

Lange standen die drei nebeneinander und betrachteten den Sternenhimmel. Da waren plötzlich von der Insel her wieder diese geisterhaften Klagelaute zu hören.

„Was für eine unheimliche Insel!" sagte Akastos leise. „Voller Klagerufe. Es ist, als würden Tiere heulen – oder sind es gar Menschen? Es klingt so traurig – als wären sie in großer Not."

Er spähte gespannt auf den Strand. „Da – Wölfe! Sie kommen auf das Schiff zu!" Akastos griff nach seinem Bogen.

„Leg deine Waffe weg, Akastos!" hielt Pollux ihn zurück. „All die Tiere hier waren früher einmal Menschen wie wir. Aber Kirke hat sie in Wölfe, Löwen und Schweine verwandelt." Pollux seufzte tief: „Ach, wie sehr ich doch wünschte, ihnen helfen zu können!"

„Bist du sicher, daß sie uns nichts Böses wollen?" fragte Akastos.

„Glaub mir: sie haben nichts Böses im Sinn", antwortete Pollux.

Jetzt kamen Jason und Medea zum Strand zurück. Ein Rudel Wölfe umringte sie. Mit erhobenen Köpfen stimmten die Tiere ein trauriges Geheul an und schmiegten ihre Körper an Jason und Medea, so als suchten sie Schutz. Jason sprach tröstend auf die Tiere ein und streichelte sie. Doch dann nahm er Medea an der Hand, und sie eilten zum Schiff. Pollux half den beiden an Bord.

„Hat euch die Zaubergöttin gut aufgenommen?“ fragte Kastor.

„Ja. Kirke brachte Gott Zeus ein Opfer dar, und wir wurden von unserer Schuld gereinigt“, antwortete Jason kurz. „Aber jetzt macht das Schiff klar. Wir müssen so schnell wie möglich diese Insel verlassen.“

„Was, jetzt gleich? Mitten in der Nacht?“

„Ja. Und das um meinetwillen“, erklärte Medea. „Wir wurden von Kirkes Insel verwiesen, weil ich mich gegen meinen Vater gewendet habe. Nie wieder darf ich diese Insel betreten.“

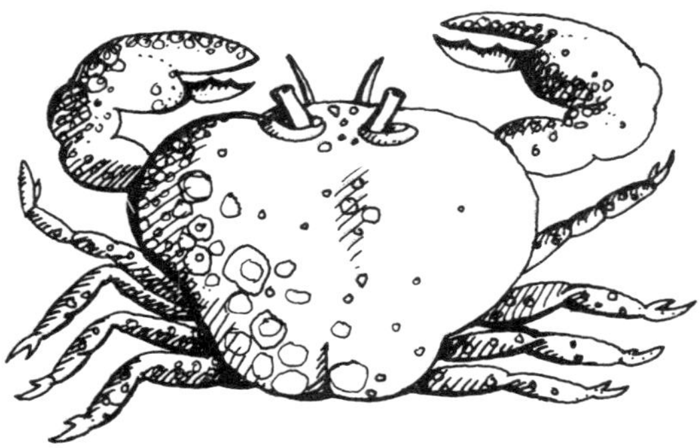

Der weite Weg in die Heimat

Obwohl es Nacht war, mußten die Argonauten den Anker lichten und die Zauberinsel Aiaia verlassen. Zum Glück leuchteten die Sterne der Zwillinge hell und klar und halfen den tapferen Helden, den Weg zwischen den gefährlichen Felsen zu finden.

Bald lag die Zauberinsel hinter ihnen, das weite Meer tat sich auf, und der Weg zurück nach Griechenland schien frei.

Doch es war eine weite Reise, und noch viele Abenteuer sollten die Argonauten zu bestehen haben.

Zunächst gerieten sie in die Nähe der blumigen Insel Anthemoissa – dort hausten die Sirenen. Mit ihrem berauschenden Gesang lockten sie alle vorbeikommenden Seeleute zu sich, und waren die Männer einmal an Land, konnten sie sich dem Bann der Sirenen nicht mehr entziehen.

Orpheus konnte die Gefahr rechtzeitig erkennen. So kräftig er nur konnte, schlug er in die Saiten seiner Lyra, und dadurch gelang es ihm, die betörenden Stimmen der Sirenen zu übertönen. Nur Orpheus' Spiel war es zu danken, daß die Argonauten dem verführerischen Zauber entrinnen konnten.

Bald danach kam das Schiff zur Meeresstraße von Messina. Zwei fürchterliche Ungeheuer bewachten den Eingang dieses heimtückischen Sundes. Charybdis, der alles verschlingende Sog, und die fürchterliche sechsköpfige Skylla waren der Schrecken aller Seeleute. Sie raubten den Schiffen die Ruder und zogen Schiff und Besatzung in ihren Strudel hinab. Nur mit Hilfe der Nereiden, der Töchter des Meeresgottes, gelang es den Argonauten, heil durch diese gefährliche Meeresenge zu kommen.

Kaum war dieses Abenteuer bestanden, da erhob sich ein schrecklicher Sturm. Eine mächtige Woge erfaßte die Argo und trieb sie gegen die Küste von Libyen. Drei gespenstische, Ehrfurcht einflößende Frauen erschienen Jason. Gebieterisch deuteten sie auf die Argo: „So weit hat euch dieses Schiff getragen.

Nun ist die Reihe an euch, diese Tat mit gleichem zu vergelten!“

Da nahmen die Argonauten die Argo auf ihre Schultern und trugen sie zwölf Tage und zwölf Nächte durch die Wüste. Völlig ermattet und von Durst geplagt, suchten sie nach einer Quelle. Nach einem mühevollen Weg kamen sie schließlich in den Garten der Hesperiden, der in der Nähe des Tritonissees lag. Dort war ein Brunnen, und sie konnten trinken nach Herzenslust.

Gestärkt setzten sie die Argo in den See, fanden jedoch keine Ausfahrt zum Meer. Da kam ihnen der Meeresgott Triton zu Hilfe: Er leitete die Argo zu einem Fluß und schob sie bis ins Meer hinaus.

Die Argonauten dankten Triton für seine Hilfe. Gut gelaunt gingen sie daran, die Segel zu hissen – der Weg in die Heimat schien endlich frei zu sein.

Da wurde die Argo plötzlich, mitten am Tag, von pechschwarzer Finsternis umhüllt.

Zutiefst verzweifelt rief Jason: „Sind der Prüfungen, die wir zu bestehen haben, noch immer nicht genug?“ Er kniete nieder und beschwor Gott Apollo, die Dunkelheit von der Argo zu nehmen.

Apollo erschien mit seinem Feuerpfeil und brachte den Argonauten das Licht. Der Tag war zurückgekehrt.

Dankbar opferten die Argonauten alles, was sie noch hatten, und frohen Mutes sahen sie der Weiterfahrt entgegen: Griechenland war nicht mehr fern.

Eines Morgens stand Akastos am Bug des Schiffes und spähte über das Meer. „Eine Küste!“ rief er plötzlich aufgeregt. „Das muß Iolkos sein. Jason! Endlich sind wir in unserer Heimat!“

Voll Freude lief Jason zu Medea: „Sieh nur, Medea, Iolkos liegt vor uns.“ Er nahm Medeas Hand, führte sie zum Schiffsbug und zeigte auf den blauschimmernden Küstenstreifen. „Glaub mir, es ist ein schönes Land! Hier wirst du deine neue Heimat finden.“

Doch Medeas Gesicht blieb ernst. „Wie wird man uns empfangen?“ fragte sie. „Bist du sicher, daß dein Volk auch mich willkommen heißen wird? Mich, eine Fremde aus dem fernen Kolchis?“

Jason nahm Medea in seine Arme. „Uns allen werden sie freudig zujubeln!“ sagte er zuversichtlich. „Und dir müssen sie ganz besonders dankbar sein. Denn ohne dich wäre es nie gelungen, an das Goldene Vlies heranzukommen und es nach Griechenland zurückzubringen.“

„Stolz bin ich, die Fahrt mit euch gemacht zu haben!“ rief Akastos. „Und jetzt, Jason, muß Vater dir das Reich und die Königswürde übergeben. So, wie er es dir versprochen hat!“

Jason sah Akastos in die Augen und sagte feierlich: „Akastos, nun, am Ende unserer Fahrt, ist der Augenblick gekommen, dir zu sagen, was ich schon lange beschlossen habe: Ich will Land und Königswürde mit dir teilen. Denn ich habe dich so lieb gewonnen, als wärest du mein Bruder, und ich finde, wir haben beide ein Recht auf dieses Land. – Nun, was sagst du dazu?“

„Aber dein Vater war älter als der meine. Ihm allein stand das Recht auf den Thron zu!“ wehrte Akastos verlegen ab.

„Ach was! Es muß endlich Schluß sein mit diesen Streitigkeiten in unserem Geschlecht. Laß uns beide beweisen, wie man in Eintracht miteinander auskommen kann.“

„Da bin ich gerne dabei!“ rief Akastos froh, und die beiden Freunde besiegelten ihr Übereinkommen mit einem kräftigen Handschlag.

Das Schiff steuerte dem Hafen zu. Schon war der Königspalast zu erkennen. Viele Leute eilten zum Strand, um die Argo und ihre Besatzung zu begrüßen.

„Nun spiel auf deiner Lyra, Orpheus!“ rief Jason. „Festlicher Jubel soll sein, wenn die Argo in den Hafen einläuft. Und ihr beide, Kastor und Pollux, nehmt das Goldene Vlies! Haltet es hoch, haltet es hoch empor, damit alle Leute an Land schon von weitem sehen können, daß die Argonauten ihr Versprechen eingelöst haben und das Vlies heim nach Griechenland bringen.“

Unter dem Jubel der Bevölkerung stiegen die Argonauten an Land. Sogleich wurde ihnen die Kunde zugetragen, daß König Pelias vor kurzem gestorben sei. Manch einer deutete an, die Nachricht von Jasons bevorstehender Heimkehr hätte Pelias zu Tode erschreckt.

Akastos sorgte sofort für ein stattliches Begräbnis, und erst danach wurde die glückliche Heimkehr der Argonauten mit einem gebührenden Fest gefeiert.

Die Feierlichkeiten dauerten mehrere Tage. Als sie zu Ende waren, nahmen die Argonauten Abschied voneinander. Jeder zog heimwärts – ihre Wege trennten sich.

Sternschnuppen

„Schade, daß dieses Schiff von hier aus nicht zu sehen ist", sagte Kristoffer, nachdem der Onkel seine Erzählung beendet hatte. „Gibt es vielleicht ein anderes Sternbild, das wir uns anschauen könnten?"

Jan studierte eifrig die Sternenkarte. „Na, vielleicht die Zwillinge", schlug er vor.

„Dazu ist es noch etwas zu früh", erklärte der Onkel. „Anfang Oktober tauchen die Zwillinge erst nach Mitternacht am Himmel auf. Aber wir können sie ja statt dessen auf der Sternenkarte besuchen."

„Jaja, hier, schräg oberhalb vom Orion steht ‚Castor', und gleich daneben ‚Pollux'!" Jan hatte dieses Sternbild längst entdeckt.

„Ganz recht", sagte der Onkel. „Und die beiden Sterne, auf die du gerade zeigst, das sind die Köpfe der Zwillinge. Die Brüder waren immer unzertrennlich – und das kann man auch am Himmel beobachten. Wenn Pollux hinter dem Horizont untergeht, verschwindet gleich danach auch Castor, und wenn Castor im Osten aufgeht, weiß man, daß kurz darauf sein Bruder Pollux auftauchen wird. Das Sternbild heißt ‚Gemini', das ist der lateinische Name für Zwillinge. Seht ihr, hier steht das."

Kristoffer saß auf der anderen Seite des Tisches. „Schaut einmal, hier steht ‚Drako'!" rief er. „Das ist doch sicher der Drache, der das Goldene Vlies bewacht hat. Wie ist denn der auf den Himmel gekommen, Onkel Martin?"

„Nun, man erzählt, daß Athene, die Göttin der Weisheit, den Drachen am Schwanz genommen und mit einem einzigen Wurf in den Himmel geschleudert habe", berichtete der Onkel, hob den Arm und machte eine schwungvolle Bewegung, so als würde er selbst einen Ball werfen. „Der Drache flog himmelwärts, ringelte und wand sich, machte einen Knoten in seinen eigenen Schwanz, blieb schließlich am Sternenzelt hängen und gefror sogleich zu Eis. Wie ihr auf der Sternenkarte sehen könnt, landete er in der Nähe des Polarsterns!"

„Aha, und weil es dort ganz besonders kalt war, deshalb ist er gefroren", stellte Kristoffer fest.

Der Onkel lachte: „So wird es vielleicht gewesen sein. Übrigens – das Drachensternbild können wir sicher auch von der Veranda aus sehen!"

Onkel Martin stand auf und ging mit den Kindern auf die Veranda. Er zeigte nach Nordwesten: „Da, schaut, das ist er. Er schlingelt sich zwischen Großem und Kleinem Wagen, fast bis zur Lyra hin."

Ein leuchtender Strich huschte plötzlich über den Himmel.

„Oh – eine Sternschnuppe!" Jenny klatschte in die Hände. „Wenn ein Stern vom Himmel fällt, darf man sich was wünschen!"

„So ein Blödsinn", sagte Jan, der Besserwisser. „Außerdem ist das kein Stern, der hinunterfällt; das sind kleine Partikel aus dem Weltall, die in die Erdatmosphäre geraten und verglühen!"

„Glaubst du, das weiß ich nicht selber?" fauchte Jenny ihren Bruder an. „Aber ich finde es eben viel lustiger, sich vorzustellen, daß ein Stern vom Himmel fällt."

„In früheren Zeiten hatten die Menschen ihre eigene Erklärung für Sternschnuppen oder Meteore, wie sie auch genannt werden", erzählte der Onkel. „Man glaubte nämlich, die Sterne seien kleine Löcher im Himmelsgewölbe, durch die man die Feuer des himmlischen Palastes schimmern sehen konnte. Und wenn den Göttern dort oben langweilig war, dann machten sie sich einen Spaß daraus, kleine, glühende Kohlestückchen durch diese Löcher zu werfen und die Erde zu treffen. Ja, das war die Erklärung für das Phänomen der Meteore und Meteoriten."

Kristoffer war begeistert: „Also ich hab das richtig gern, wenn die Götter solchen Unfug treiben!"

„Du, Onkel Martin, wo ist nun eigentlich wirklich dieser himmlische Palast gewesen?" wollte Jenny wissen. „Du hast uns erzählt, die Götter wohnten auf einem hohen Berg. Dann kann das mit den Löchern im Himmel aber nicht stimmen!"

„Zu allererst glaubte man, die Wohnstätte der Götter sei auf der Spitze eines hohen Berges, der sich von der Erde bis über die Wolken erhebt; dort also lag der Olymp, in den kein Sterblicher gelangen konnte. Doch allmählich begannen die Menschen in ihren Erzählungen die Götterburg immer höher und höher hinauf zu versetzen, und schließlich wurde der Olymp gleichbedeutend mit dem Himmel."

„Aha, das kann ich mir gut vorstellen." Jenny, die immer alles ganz genau wissen wollte, war zufrieden.

„Sollten wir nicht wieder ins Zimmer hineingehen?" schlug Jan vor. „Sonst frieren wir am Ende auch noch zu Eis wie der Drache da oben!"

„Aber ich will noch hierbleiben!" protestierte Kristoffer. „Ich möchte noch ein paar andere Sternbilder anschauen!"

„Du, ich glaube, außer dem Drachen können wir nur noch ein einziges Sternbild sehen, das mit den Argonauten zu tun hat – und das ist der Herakles." Der Onkel zeigte gegen Westen: „Dort, nahe beim Drachenkopf ist er. Aber der Herakles ist ein so großes Sternbild, daß es wohl besser ist, wir schauen ihn uns erst einmal auf der Sternenkarte an, bevor wir diesen Helden am Himmel suchen."

„Ist das der Herakles, der diese sechsarmigen Riesen mit seinen Pfeilen getötet hat?"

„Ja. Und es gibt noch viele andere Geschichten, die von ihm und seinen Heldentaten berichten. Aber die möchte ich euch heute abend nicht mehr erzählen", fügte der Onkel schnell hinzu und ging ins Zimmer hinein.

„Dann vielleicht morgen?"

„Morgen müssen wir doch schon wieder in die Stadt fahren", seufzte Jenny.

Kristoffer stand schon in der Tür und drehte sich noch einmal um.

„Da, noch eine Sternschnuppe!" rief er. „Und jetzt weiß ich genau, was ich mir wünsche!"

Das Geburtstagsgeschenk

Es dauerte nicht weniger als zehn Monate und eine Woche, bis Kristoffers Wunsch endlich in Erfüllung gehen sollte.

Es war Mitte August. Die Kinder hatten Onkel Martin von der Schiffsstation abgeholt. Alle waren neugierig, was wohl in dem großen, würfelförmigen Paket sei, das Onkel Martin mitgebracht hatte – denn heute war ja Kristoffers Geburtstag! Aber der Onkel sagte kein Wort und tat sehr geheimnisvoll. „Vor dem Abend wird das Paket nicht aufgemacht", erklärte er.

Nach dem Abendessen bat Onkel Martin die Mutter um ein Verlängerungskabel, und die Kinder bekamen den Befehl, in der Küche zu warten. Als es dunkel zu werden begann, war es endlich so weit.

„So, nun dürft ihr hinaus auf die Veranda kommen!" rief Mama.

Kristoffer lief als erster. Und als er sah, was dort auf dem Tisch stand, verschlug es ihm fast die Rede.

„Ja, was ist denn das?" stammelte er.

„Na, ein Globus, eine Erdkugel", meinte Jenny.

„Stimmt doch gar nicht. Weil es nämlich ein Sternenglobus ist!" verkündete Jan.

Onkel Martin verbeugte sich feierlich: „Ich gratuliere dir zu deinem Geburtstag, Kristoffer!"

„Ist das wirklich für mich?" Kristoffer konnte es nicht fassen. Im nächsten Augenblick fiel er dem Onkel um den Hals. „Danke, lieber, lieber Onkel Martin."

Dann lief er zu dem Sternenglobus. Die blaue Kugel war von

Karte VII: Sternbild DRACHE. *Auch hier muß man im Winter Sterngucken gehen, z. B. in der Neujahrsnacht um 22 Uhr oder am 1. Februar um 20 Uhr mit Blick* Richtung Norden. *Das Sternbild Drachen zwischen Großem und Kleinem Wagen bilden aber eher blasse Sterne!*

innen her erleuchtet, die verschiedenen Figuren der Sternbilder strahlten Kristoffer entgegen, und, was ihn besonders freute: daneben waren auch ihre Namen zu lesen. Vorsichtig berührte Kristoffer den Sternenhimmel und begann den Globus zu drehen.

„Oh, da ist ja die Lyra!“ rief er. „Und das Pferd Pegasus – das steht ja Kopf! Und hier, hier ist die Andromeda. Und Perseus. Und der Widder Aries, von dem du uns im vergangenen Herbst erzählt hast. Und da unten ist das große Schiff Argo. Ja, wirklich: alles ist drauf!“

„Das ist aber ein tolles Geschenk!“ Jan studierte eingehend die Himmelskugel. „Und was bedeuten denn eigentlich diese roten Punkte, die sich in einer Linie um den ganzen Globus ziehen?“

„Das ist die Ekliptik. Sie zeigt die Bahn der Erde um die Sonne“, erklärte der Onkel. „Die Ekliptik verläuft entlang aller Tierkreiszeichen. Ihr braucht nur dieser roten Linie zu folgen und schon sind wir – hier zum Beispiel – bei Kristoffers Löwen.“

Kristoffer strahlte vor Glück. Nun löschte der Onkel das Licht im Globus, und alle Figuren verschwanden. Zurück blieben nur die gelben Punkte der Sterne und die Verbindungslinien zwischen ihnen.

„Jetzt haben wir die Sterne so, wie wir sie am Himmel sehen. Dreht man das Licht wieder an, dann kommen die aufgemalten Figuren zum Vorschein. So ist es leichter, sich die einzelnen Sternbilder einzuprägen, und man findet sich besser am Himmel zurecht.“

„Naja, aber eigentlich ist es mit der Sternenkarte auch recht gut gegangen“, meinte Jan. „Wenn man nur erst einmal weiß, wie's geht!“

„Das ist schon sehr lustig mit diesem Globus“, sagte Jenny und drehte das Licht wieder an. „Wie gute alte Bekannte stehen die Sternbilder da!“

„Nein, was ihr schon alles wißt!“ rief die Mutter ganz verwundert. „Ich kenne nicht einmal die Hälfte von all den Namen, die ihr da aufgezählt habt!“

„Du kannst ja heut am Abend zuhören, dann lernst du gleich ein bißchen was", schlug Kristoffer vor, und die anderen lachten. „Du wirst doch sicher heute weitererzählen, nicht wahr, Onkel Martin?"

„Natürlich, das muß ich wohl. Aus diesem Grund habt ihr mich ja schließlich eingeladen", scherzte der Onkel.

„Nein, nicht nur deshalb!" rief Jenny und umarmte den Onkel besonders herzlich.

„Kommt, wir schieben jetzt den Tisch zum Verandageländer", bestimmte Kristoffer. „Da können wir den Himmel und den Sternenglobus gleichzeitig sehen."

Alle halfen sofort mit.

„Ich glaube, ich weiß, von welchem Sternbild Kristoffer heute eine Geschichte hören will", sagte der Onkel, nachdem sich alle zurechtgesetzt hatten. „Von diesem hier!" Er zeigte auf den Löwen.

Aber Kristoffer machte ein unschlüssiges Gesicht. „Ich weiß nicht recht ... eigentlich würde ich lieber etwas über den tollen Helden Herakles hören. Das hab ich mir nämlich im vergangenen Herbst gewünscht, als diese Sternschnuppe über den Himmel gesaust ist."

„Nichts einfacher als das! Du sollst eine Geschichte über beide hören", versprach der Onkel. „Denn Herakles und der Löwe gehören zusammen. Übrigens war Herakles – oder ‚Herkules', wie es am Sternenglobus steht – mit Perseus verwandt. Erinnert ihr euch noch an den tapferen Helden Perseus?"

„Natürlich, der hat doch der Medusa den Kopf abgehackt ..."

„... und die Prinzessin Andromeda vor dem Seeungeheuer gerettet!"

„Ganz recht. Und einer von Perseus' Urenkeln war eben dieser Herakles. Aber jetzt beginne ich seine Geschichte von Anfang an zu erzählen."

Die Geburt der Milchstraße

Einer von Perseus' Söhnen hatte eine Tochter namens Alkmene. Sie war so gut und so schön, daß sie von jedermann geliebt wurde. Es wird erzählt, daß auch Zeus, der Göttervater, ganz beeindruckt von ihrer Schönheit und Klugheit war.

Nach dem Tod ihres Vaters erbte Alkmene einen Teil des Reiches Argolis, in dem einst ihr Großvater Perseus als König regiert hatte. Bald danach vermählte sie sich mit ihrem Vetter Amphitryon.

Sthenelos, der habgierige und machtbesessene Onkel der Alkmene, verjagte jedoch sie und ihren Gemahl aus Argolis, um das ganze Land beherrschen zu können. So mußten die beiden fliehen und kamen schließlich in die Stadt Theben in Böotien. Dort wurden sie seßhaft.

Als Gott Zeus, der Alkmene sehr gern hatte, erfuhr, daß sie ein Kind erwartete, dachte er sich einen Plan aus, um diesem Kind zu Macht und Ehren zu verhelfen. Freilich mußte er sehr vorsichtig zu Werke gehen, denn Hera, seine Gemahlin, war sehr eifersüchtig auf die schöne Alkmene und mochte sie nicht leiden.

Zeus versammelte alle Götter und Göttinnen des Olymps und verkündete: „Nun hört gut zu, ihr Götter und Göttinnen! Am heutigen Tage wird ein Knabe aus dem Geschlecht des Perseus geboren werden. Ich, als Perseus' Vater, bestimme hiermit, daß dieser Knabe herrschen soll über das ganze Reich von Argolis. Das ist mein Wille. Ihr alle seid meine Zeugen!"

Als dies die Göttin Hera hörte, war ihr natürlich sogleich klar, was Zeus beabsichtigte: Argolis sollte dem Sohn von Alkmene zugesprochen werden. Da wurde ihr Haß gegen Alkmene noch größer – sie war fest entschlossen, den Plan ihres Gatten zu durchkreuzen.

Wutentbrannt eilte Hera zu ihrer Tochter Eileithyia, deren Aufgabe es war, den Müttern bei der Geburt ihrer Kinder beizustehen.

„Hör zu", befahl die Göttin. „Wenn Alkmene dich zu sich ruft, mußt du folgendes tun: verzögere den Zeitpunkt der Geburt ihres Kindes mindestens bis morgen. Das Kind darf unter keinen Umständen schon heute zur Welt kommen!"

Die gehorsame Tochter nickte und versprach, dies zu tun.

Nun machte sich Hera eilends auf den Weg nach Argolis, wo Alkmenes böser Onkel regierte. Dessen Gemahlin erwartete nämlich auch ein Kind, welches allerdings erst in einigen Wochen geboren werden sollte. Hera brachte es jedoch zuwege, diese Geburt zu beschleunigen, sodaß das Kind noch am selben Tag zur Welt kam. Daraufhin kehrte die Göttin zufrieden in den Olymp zurück.

„Ich habe euch eine frohe Botschaft zu verkünden!" rief sie. „Der Knabe, der in Zukunft über Argolis herrschen soll, hat soeben das Licht der Welt erblickt! König Sthenelos aus dem Geschlecht des Perseus hat heute einen Sohn bekommen. Eurystheus soll er heißen!"

Zeus begriff sofort, daß er von seiner Gemahlin überlistet worden war. Er wurde sehr zornig. Doch er hatte sein Wort gegeben und einen Eid geschworen, und dafür mußte er einstehen. Jener Knabe aus Perseus' Geschlecht, welcher heute zur Welt gekommen war, mußte König von Argolis werden. Durch Heras List war dies Eurystheus.

Am Tag darauf gebar Alkmene Zwillinge. Der ältere der beiden Söhne erhielt den Namen Herakles, und der jüngere sollte Iphikles heißen. Alkmene liebte die beiden über alles, und weil sie befürchtete, daß die Göttin Hera sie und ihre Kinder auch weiterhin mit ihrem Haß verfolgen werde, bat sie die Priester um Rat. Es wurde ihr geheißen, sie solle in der nächsten Nacht ihren erstgeborenen Sohn Herakles in einem nahegelegenen Tempelhain aussetzen, um ihn vor dem Zorn der Göttin zu schützen.

Gemeinsam mit ihrer treuen Dienerin Kydilla machte sich Alkmene im Dunkel der Nacht auf den Weg zum Tempel. Liebevoll drückte sie den schlafenden Herakles fest an sich, aber mit jedem Schritt, den sie tat, wuchs ihre Angst. Schließlich blieb sie stehen.

„Nein, ich bringe es nicht über mein Herz!“ rief sie. „Niemals gebe ich meinen kleinen Sohn von mir. Laß uns zurückgehen.“

Doch Kydilla stellte sich ihr in den Weg.

„Alkmene, ich flehe dich an, kehr nicht um! Du weißt doch, die Göttin zürnt dir. Sie haßt dich. Wenn du nicht tust, was die Priester dir geraten haben, wenn du dein Kind nicht in den Tempel bringst, wird Heras Rache Herakles und dich ewig verfolgen!“

„Aber ich kann mein Kind nicht hergeben, ich kann es einfach nicht!“ Verzweifelt drückte Alkmene den kleinen Herakles noch fester an sich.

„Dann werde eben *ich* zum Tempelhain gehen! Gib mir das Kind!“

„Nein!“ schluchzte Alkmene.

„Tränen werden uns nicht weiterhelfen. Du weißt genausogut wie ich: gegen den Willen der Götter vermag kein Sterblicher zu kämpfen. So – und jetzt gib mir den Kleinen.“

„Gib acht, du tust ihm ja weh!“

„So laß ihn doch endlich los!“

Alkmene sah ein, daß sie sich ihrem Schicksal zu fügen hatte, und gab ihren Widerstand auf.

Behutsam nahm Kydilla das Kind in ihre Arme. „Schau, wie ruhig er schläft. Ich bin sicher, es wird ihm nichts geschehen“, tröstete sie Alkmene. „Warte hier, ich komme gleich wieder zurück!“

Kydilla lief auf den Tempelhain zu.

„Nein, bleib hier. Du darfst nicht gehen!“ schrie Alkmene ihr nach. „Kydilla, komm zurück!“

Doch aus dem Dunkel kam keine Antwort. Nur das Zirpen der Grillen und ein leises Säuseln des Windes in den Baumwipfeln unterbrachen die Stille dieser dunklen Nacht. Halb bewußtlos vor Schmerz sank Alkmene in die Knie. Sie hob die Arme zum Himmel empor, um das Erbarmen der Götter zu erflehen. Da zuckte in der Ferne ein seltsam gleißender Lichtschein auf. In großer Geschwindigkeit zog er über den Himmel, leuchtete stärker und stärker, je näher er kam. Alkmene schlug die Hände vors Gesicht, sie wagte nicht aufzuschauen. Regungslos verharrte sie in dieser Stellung.

Nach einer Weile hörte sie Kydillas Stimme: „Wo bist du, Herrin?"

„Hier", flüsterte Alkmene.

Aufgeregt und ganz außer Atem kam Kydilla näher. „Hast du ihn gesehen?" rief sie.

„Wen? Wovon sprichst du? Ich sah nur einen Lichtschein. Einen Lichtschein, so stark, daß ich von ihm geblendet wurde und mir die Hände vor die Augen halten mußte."

„Das war Gott Hermes!" rief Kydilla. „Er kam zum Tempelhain geflogen, die Flügel seiner Sandalen leuchteten so hell wie die Sonne!"

„Gott Hermes?" Alkmene war zutiefst verwundert. „Was wollte er hier?"

„Er hat unseren kleinen Herakles geholt. Und – stell dir vor – der hat gelacht und dem Gott Hermes fröhlich seine Arme entgegengestreckt. Hat sich aufs Fliegen gefreut!" Es sprudelte nur so aus Kydilla, die nicht rasch genug alle Ereignisse, die sich im Tempel zugetragen hatten, schildern konnte. „Hermes hat mir verraten, was er mit deinem kleinen Sohn vorhat. Durch eine List will er ihn unsterblich machen, denn er glaubt, ihn nur so vor dem Zorn der Göttin Hera schützen zu können."

„Wie soll denn das geschehen?"

Kydilla begann so herzhaft zu lachen, daß ihr die Tränen über die Wangen kollerten.

„Du kannst dir nicht vorstellen, welch einen listigen Plan sich Hermes ausgedacht hat!" platzte sie heraus.

„Nun, so sag doch schon endlich: was hat er sich denn ausgedacht?" fragte Alkmene ungeduldig.

Kydilla hatte Mühe, ihrer Herrin Rede und Antwort zu stehen. Glucksend vor Lachen begann sie zu berichten: „Gerade jetzt liegt die Himmelsgöttin Hera in tiefem Schlaf. Und, stell dir vor! Hermes will sich an sie heranschleichen und ihr deinen Sohn an die Brust legen. Und natürlich: wenn Herakles die Milch der Göttin trinkt, so wird er unsterblich."

Wieder mußte Kydilla hellauf lachen; doch Alkmene packte sie am Arm: „Was aber geschieht, wenn die Göttin aufwacht?“ rief sie. „Wenn sie das fremde Kind an ihrer Brust entdeckt? Ich kann es dir sagen: sie wird den Buben voller Zorn von sich schleudern – vielleicht tötet sie ihn gar!“

„Hab keine Angst“, beruhigte Kydilla die besorgte Alkmene. „Hermes hat fest versprochen, Herakles heil und gesund wieder zurückzubringen. Und ich bin ganz sicher, er wird sein Versprechen halten!“

Beide sahen zum Himmel hinauf. Doch da war kein Hermes zu sehen, und auch kein Herakles. Statt dessen begegnete ihnen etwas so Seltsames und so Überwältigendes, daß sie starr und stumm vor Staunen wurden. Tausende von neuen Sternen sprühten über das dunkle Himmelsgewölbe, strahlten und funkelten auf, hier und dort – immer wieder ergossen sich neue Sterne über das dunkle Firmament. Es war, als streue jemand silbrige Tropfen über die blauschwarze Himmelskuppel, und als wolle dieses silbrige Gefunkel niemals enden.

„Man kann es sogar hören“, flüsterte Kydilla.

Aus dem All ertönten silberklingende Töne, ganz so, als würden die vielen neuen Sterne aneinanderstoßen, im wilden Wetteifer, geboren zu werden.

„Unendlich viele sind es schon!“ Alkmene hob ihre Hand: „Schau nur, welch eine helle Straße voll von Sternen und Licht sich da über uns ausbreitet. Wie ein Silberband läuft sie über das Himmelszelt!“

Plötzlich strich sich Kydilla über die Wange. „Was tropft denn da?“ wunderte sie sich. „Regnet es? – Der Himmel ist doch sternenklar!“

Jetzt bemerkte auch Alkmene die Tropfen. Erstaunt blickte sie sich um.

„Schau doch!“ rief sie entzückt. „Rund um uns, überall, sprießen weiße Blumen aus dem Boden! Oh, und wie herrlich sie duften!“

Die beiden Frauen beugten sich nieder, um den zarten Duft einzuatmen.

Wie sie so dastanden, von den weißen Blüten umgeben,

klang mit einemmal ein Kinderlachen auf. Und da kam auch schon Gott Hermes auf sie zu, den kleinen Herakles in seinen Armen.

„Mein Sohn!“ rief Alkmene und streckte ihre Arme nach Herakles aus.

„Hier hast du deinen Knirps!“ Hermes lachte und reichte ihr das Kind.

„Ist ihm auch wirklich nichts zugestoßen?“ fragte Alkmene besorgt.

„Darauf gebe ich dir mein Wort!“ beteuerte Hermes. „Und du ahnst nicht, wie kräftig der Kleine an der göttlichen Brust gesaugt hat. Die Milch ist herausgesprüht, daß es eine Freude war! Das gefiel dem Buben, und er saugte noch stärker – saugte und spuckte –, da spritzte die Milch über den ganzen Himmel! Und jeder Milchtropfen verwandelte sich in einen kleinen Stern. Wie das der kleine Schelm entdeckte, lachte er aus vollem Hals! Immer lustiger fand er das Spiel, saugte und spuckte, spuckte und saugte, bis eine ganze Sternenstraße da war.“

„Ja, das haben wir gesehen!“ rief Kydilla.

„Er konnte nicht genug kriegen“, berichtete Hermes weiter. „Ich bekam es schließlich mit der Angst zu tun. Er hätte doch Hera in seinem Übermut aufwecken können! Ich zog ihn also rasch von ihrer Brust, aber da nahm er noch schnell einen kräftigen Schluck Milch; und auf dem Weg zurück zu euch, spuckte er das göttliche Naß auf die Erde hinunter.“

„Jetzt ist mir alles klar!“ rief Alkmene. „Das also waren die Tropfen, die wir spürten!“ Liebevoll sah sie ihren kleinen Sohn an. Der strampelte vergnügt und lachte, daß es nur so durch die Nacht schallte.

„Ja, lach nur, du kleiner Racker!“ rief Hermes und drohte ihm scherzhaft. „Das hätte aber auch bös ausgehen können! Denk, wenn die Göttin Hera erwacht wäre! – Doch nun lebt wohl, ich muß wieder weiter!“ Hermes winkte zum Abschied und erhob sich in die Luft.

„Vielen Dank für deine Hilfe!“ rief ihm Alkmene nach. „Möge die Milch, die Herakles aus der Brust der Göttin gesogen hat, ihn schützen vor ihrem Zorn und ihrer Rache!“

Hermes stieg himmelwärts und entzog sich bald ihren Blikken. Der kleine Herakles aber deutete mit seinen dicken Fingerchen zur Milchstraße empor, so als wollte er zeigen, wie tüchtig er gewesen war.

Kydilla lachte. „Ja, schau du nur, was du da angestellt hast!" schimpfte sie im Spaß. „Den ganzen Himmel hast du mit Milch vollgepatzt."

Alkmene lächelte und reichte ihr das Kind. „Bitte, nimm unseren kleinen Helden. Weißt du, ehe wir gehen, will ich noch ein paar von diesen neuen Blumen pflücken, die da hervorgesprossen sind, als die Tropfen zur Erde fielen."

Und sie beugte sich nieder und pflückte einen ganzen Strauß dieser weißen Blüten, die in der lauen Nacht so lieblich dufteten. Es waren die allerersten Maiglöckchen.

Herakles und die Schlangen

Im Hause Amphitryons herrschte Glück und Eintracht, und zur Freude der Mutter gediehen Herakles und sein Zwillingsbruder Iphikles prächtig.

Als Alkmene eines Tages ins Kinderzimmer kam, um nach den beiden Buben zu sehen, erwartete sie eine böse Überraschung: Zwei giftige Schlangen schlängelten sich an der Wiege empor und glitten auf die schlafenden Kinder zu. Alkmene tat einen Schreckensschrei und wollte zur Wiege laufen, doch Kydilla, die ihrer Herrin gefolgt war, hielt sie zurück.

„Rühr dich nicht, Alkmene! Wir dürfen die Schlangen nicht reizen!"

„Laß mich. Ich muß zu den Kindern!"

Kydilla ließ sie nicht los. „Ich bitte dich, bleib ruhig – beweg dich nicht ..."

Die Schlangen reckten ihre Köpfe über den Rand der Wiege. In diesem Augenblick erwachte Herakles' Bruder, und als er die Schlangen sah, begann er jämmerlich zu weinen.

Alkmene versuchte, sich loszureißen. „Ich muß meinen Kindern zu Hilfe kommen!" rief sie verzweifelt. „Ich muß ..."

Kydilla hinderte Alkmene abermals daran, zu ihren Kindern zu laufen. „Psst! Wir dürfen uns nicht bewegen", flüsterte sie. „Wir erschrecken sonst die Schlangen, und dann werden sie gefährlich!"

Von der Wiege her erklang plötzlich ein glucksendes Lachen. Herakles war aufgewacht – die Schlangen sehen und zupacken, war eins für ihn. In jedem seiner kleinen Fäustchen hielt er eine Schlange mit festem Griff umklammert. Die Tiere zischten, ihre Körper bäumten sich auf, doch es gelang ihnen nicht, sich der Umklammerung zu entwinden. Herakles drückte nur noch fester zu – bis sie aufhörten, sich zu bewegen. Schnaufend und prustend kletterte er aus der Wiege und watschelte lachend auf seine Mutter zu. Voller Stolz streckte er ihr die beiden leblosen Schlangen entgegen.

Alkmene wich entsetzt zurück.

Kydilla lachte: „Komm nur her, mein Herzchen!“ rief sie und nahm Herakles in ihre Arme. „Jetzt verdienst du wahrhaftig großes Lob! Du hast dich und deinen Bruder vor diesen Bestien errettet.“

In Alkmenes Augen standen Tränen. „Diese Schlangen hat Göttin Hera geschickt. Sie sollten meine beiden Kinder töten! Wird sie denn niemals aufhören, uns mit ihrem Haß zu verfolgen?“

Auch Helden müssen lernen

Die Jahre vergingen, nichts Schreckliches ereignete sich mehr, und mit der Zeit begann Alkmene zu hoffen, die Göttin Hera habe ihren Zorn gegen sie und ihre Söhne vergessen.

Herakles war zu einem großen und starken Jungen herangewachsen. Er liebte den Sport und die Jagd und hielt sich gerne im Freien auf. Zum Unterricht hingegen ging er nicht besonders gern, obwohl er ganz ausgezeichnete Lehrer hatte. Einer von ihnen, Meister Linos, war sehr berühmt, hatte er doch das Schrifttum in Griechenland eingeführt. Als Herakles eines Tages nicht zum Unterricht erschienen war, ließ Linos Kydilla rufen.

„Wo ist Herakles?" herrschte er sie an.

„Ich habe ihn gerade irgendwo draußen gesehen ...", sagte Kydilla.

Linos unterbrach sie: „Er hat h i e r zu sein und nicht ‚irgendwo draußen'!" rief er wütend. „Immer kommt er zu spät, dieser Taugenichts. Was bin ich doch für ein Narr zu versuchen, diesem Dickschädel ein wenig Weisheit einzutrichtern! Der Kerl sollte lieber Eseltreiber werden, statt in die Schule zu gehen!"

„Seine anderen Lehrer sind aber sehr zufrieden mit ihm, und sie sagen, daß er große Fortschritte macht!" wandte Kydilla ein.

Meister Linos lachte verächtlich: „Und in welchen Fächern, wenn ich fragen darf?"

„Nun: im Fechten, Faustkampf, Bogenschießen, Diskuswerfen und Wagenlenken – lauter Dinge, die ein Fürstensohn können soll."

„In meinen Fächern hat er jedenfalls keine Fortschritte gemacht", erklärte Linos mit saurer Miene.

„Könnte das nicht vielleicht am Lehrer liegen?" stichelte Kydilla.

Meister Linos wurde rot vor Zorn. „Halte du nur deinen dummen Mund, du Plappermaul!" schrie er. „Bin ich doch weit und breit der beste Lehrmeister, den der Junge überhaupt kriegen kann. Doch wenn jemand glaubt, er wäre dankbar dafür – oh nein, keine Spur! Das einzige, was er schnell auszurechnen gelernt hat, ist, wann er seinen nächsten schulfreien Tag hat."

Da stolperte Herakles herein. „Entschuldigung! Sicher komme ich zu spät", keuchte er, atemlos vom schnellen Laufen.

„Das kann man wohl behaupten!" bemerkte Linos trocken. Mit einer ungeduldigen Handbewegung bedeutete er Kydilla zu gehen. „Nun", wandte er sich an Herakles, „wo ist denn deine Schreibtafel, die ich gestern mit so großer Mühe für dich gewachst habe?"

„Meine Schreibtafel? – Oh, ich weiß nicht", stammelte der Junge.

„Hast du sie vielleicht zerstört, um nicht schreiben zu müssen?" fragte Linos drohend.

„Nein, das habe ich nicht!"

„Und wo ist sie dann geblieben?"

Als Herakles nicht gleich antwortete, zog Meister Linos die Ochsenschwanzpeitsche hervor, mit der er seine Schüler zu züchtigen pflegte. Er hielt sie Herakles unter die Nase: „Vielleicht hilft dir diese Peitsche, dich zu erinnern?"

Herakles griff nach der Peitsche und sah seinem Lehrer ernst ins Gesicht. „Schlag mich nicht!" sprach er mit ruhiger Stimme.

„Was sagst du da? Ich sollte nicht das Recht haben, meine Schüler zu züchtigen?" schrie Linos und riß die Peitsche an sich. „Ich sollte nicht ..." – er unterbrach sich und wies mit seinem langen, knochigen Zeigefinger unter den Tisch. „Was liegt denn dort unten?"

„Oh, meine Schreibtafel, da ist sie ja!" rief Herakles erleichtert.

„Richtig, dort liegt sie, achtlos weggeworfen, unter dem Tisch. Ist das der richtige Platz? Heb sie auf und schreib, was ich dir diktiere!"

Herakles beugte sich nieder, um die Tafel aufzuheben, und als er sich aufrichtete, stieß er gegen den Tisch, die Tafel entglitt seinen Händen, fiel zu Boden und zerbrach.

„Das hast du jetzt absichtlich getan, du Tölpel!" schrie Linos.

„Aber glaub nur ja nicht, daß du deiner Lektion entgehst! Gib mir die Lyra, die dort in der Ecke liegt!“

Herakles holte das Instrument und fragte: „Soll ich spielen?“

„Nein, ich spiele. Du sollst tanzen!“

„Das kann ich nicht! Bitte, erlaß es mir“, bat Herakles.

„Du kannst nicht tanzen? Nun, dann wirst du es eben lernen, du grobschlächtiger Kerl. Gib mir die Leier!“

„Ich kann nicht tanzen!“ trotzte Herakles und rührte sich nicht von der Stelle.

„So mußt du es lernen!“ schrie Linos und ließ seine Peitsche knallen.

Herakles trat einen Schritt auf den Lehrer zu: „Leg deine Peitsche weg!“

Meister Linos lachte höhnisch. „Tanzt nicht du, so tanzt die Peitsche!“ rief er und schlug zu, so daß Herakles eine lange Strieme über Wange und Arm lief.

Da wurde der Junge rasend vor Zorn.

„Da hast du deine Leier!“ schrie er und warf das Instrument mit aller Kraft Linos an den Kopf. Die Saiten zerrissen, und die Leier blieb auf den Schultern des Lehrers hängen, wie ein eigentümlicher Kragen aus Holz.

„Zu Hilfe! Er erschlägt mich!“ schrie Linos.

Kydilla stürzte ins Zimmer. „Was ist denn geschehen?“ rief sie. Und als sie Linos erblickte, wie er dastand, mit der Leier um den Hals, mußte sie hellauf lachen.

„Steh nicht herum und lache, du dumme Kreatur!“ schrie Linos. „Komm lieber und hilf mir aus diesem Saitengewirr heraus!“

Durch den Lärm aufmerksam geworden, kam Alkmene gelaufen. „Was schreit ihr denn so?“ wunderte sie sich. „Und was machst denn du da, Kydilla?“ Sie schaute verdutzt auf ihre Dienerin, die damit beschäftigt war, die Saiten um Meister Linos' Hals zu entwirren.

„Au, so sei doch vorsichtig!“ jammerte Linos.

„Was ist denn geschehen?“ fragte Alkmene.

„Frag doch ihn, deinen Sohn. Dort steht er in der Ecke, trotzt und schweigt“, schimpfte Linos.

„Was hat er denn angestellt?“

„Er hat versucht, mich zu erschlagen – mit meiner eigenen Leier!“ Linos zeigte anklagend auf Herakles. „Ich werde mich bei seinem Vater beschweren, und ich verlange, daß er streng bestraft wird!“

„Er wird seine verdiente Strafe bekommen“, antwortete Alkmene. „Doch jetzt geht, ich will allein mit meinem Sohn reden.“

Widerwillig brummend verließ Linos das Zimmer. Kydilla folgte ihm und konnte es nicht lassen, hinter seinem Rücken Grimassen zu schneiden.

Erst als sie allein waren, schaute Herakles auf und begegnete dem Blick seiner Mutter.

„Es tut mir leid“, murmelte er.

„Du hättest deinen Lehrer wirklich erschlagen können“, sagte Alkmene vorwurfsvoll. „Herakles, du mußt endlich lernen, dich zu beherrschen, sonst wird es dir eines Tages schlecht ergehen!“

„Was ist meine Strafe?“

„Dein Vater wird sicher sehr böse sein, wenn er hört, was geschehen ist. Die Strafe wird danach ausfallen.“

„Glaubst du, daß er mich von zuhause fortschicken wird?“ fragte Herakles bedrückt.

„Ich fürchte es.“ Alkmene strich ihrem Sohn sanft über die Wange, auf der noch immer das Mal von Meister Linos' Peitsche feuerrot leuchtete. „Komm jetzt, Herakles, wir gehen und sprechen mit deinem Vater.“

Es kam so, wie Alkmene befürchtet hatte. Herakles wurde aus Theben fortgeschickt und mußte von da an in den unwirtlichen Bergen des Kitairon das Vieh hüten.

Dort war er auf sich selbst gestellt und hatte sich und seine Viehherde vor den wilden Tieren in den Wäldern und Felsschluchten zu schützen.

Herakles gefiel das freie Leben in der Wildnis. Mühsal und Beschwerlichkeiten konnten ihm nichts anhaben – mit jedem Tag wurde er stärker und tüchtiger.

Herakles war gerade achtzehn Jahre alt geworden, da bemerkte er eines Morgens, daß mehrere Kälber aus seiner Herde fehlten, und er machte sich auf die Suche nach ihnen. An einem Waldrand entdeckte er sie, und als er näher kam, sah er, daß sie totgebissen worden waren.

Während er noch dastand und grübelte, welches Tier die Herde wohl angefallen haben könnte, hörte er plötzlich ein fürchterliches Brüllen hinter sich. Er drehte sich um – und sah sich einem riesigen Löwen gegenüber. Mit weit aufgerissenem Maul, die mächtigen Pranken angriffsbereit, setzte der Löwe zum Sprung an. Herakles hatte weder Schwert noch Pfeil und Bogen bei sich, um den Angriff abzuwehren. Im letzten Augenblick griff er nach seiner Holzkeule, um nicht mit bloßen Händen dem Löwen gegenüberzustehen.

Erst nach einem langen, harten Kampf ist es ihm gelungen, den Löwen unschädlich zu machen.

Der schreckliche Tanz

Kurze Zeit später erfuhr Herakles, daß seine Heimatstadt Theben von Feinden belagert sei. Da warf er sich das Löwenfell um die Schultern und zog los. Auf seinem Weg sammelte er eine Schar mutiger Männer um sich, und mit ihrer Hilfe gelang es ihm, die feindlichen Truppen zu verjagen und die bedrängte Stadt zu befreien.

Nach diesem Sieg wurde Herakles als großer Held gefeiert, und Kreon, der König von Theben, war ihm so dankbar für seine Hilfe, daß er ihm seine Tochter Megara zur Frau gab.

Durch seine Taten hatte Herakles seinen Mut und seine Tüchtigkeit unter Beweis gestellt, und viele waren der Meinung, daß er weit besser geeignet wäre, König von Argolis zu sein, als sein feiger und schwächlicher Vetter Eurystheus, dem diese Würde einst durch Heras List zuteil geworden war. Doch Herakles war ganz und gar nicht darauf aus, den Königsthron von Argolis für sich zu erkämpfen. Er blieb viel lieber in Theben bei seiner Gemahlin und bei seinen Kindern, die er über alles liebte.

Doch häuslicher Friede und Familienglück sollten nicht von langem Bestand sein. In Hera schwelte noch immer der Haß gegen Herakles. Die Göttin hetzte Thebens Feinde abermals auf, die Stadt anzugreifen, und so mußte sich unser Held wieder dem Streit stellen. Dieses Mal dauerte es Jahre, bis der Krieg beendet war und Herakles endlich wieder heimwärts ziehen konnte.

Als Herakles seinen Garten betrat, kam er sich selbst wie ein Fremder vor.

Karte VIII: Sternbilder WAAGE (links) und JUNGFRAU (rechts). *Am 1. Juni um 22 Uhr kann man beide gut sehen, wenn man* Richtung Süden *schaut. Zu „ihrer Zeit“ (vom 24. 8. bis 23. 10.) stehen sie am auf der Karte angegebenen Ort zwischen 12 Uhr mittags und 6 Uhr abends – also nicht sichtbar!*

Seine Mutter Alkmene lief ihm freudestrahlend entgegen. „Herakles! Ich kann es ja kaum glauben, daß du wieder da bist!“ Sie umarmte ihren Sohn.

„Wie froh ich bin, wieder bei euch zu sein!“ rief Herakles. „Weißt du, Mutter, es waren harte Kämpfe! Aber schließlich gelang es uns doch, die Feinde zu besiegen und in die Flucht zu schlagen. Ich hoffe, daß sie unser Land jetzt ein für allemal in Frieden lassen werden. Vom Krieg habe ich wahrlich genug, das kannst du mir glauben.“ Herakles sah suchend um sich. „Wo ist denn meine Frau? Wo sind die Kinder?“

Noch bevor Alkmene antworten konnte, hörte man frohe Stimmen, und die Kinder kamen in den Garten gelaufen. Als sie ihren Vater erblickten, blieben sie stehen und sahen scheu zu Boden.

„Nun, was ist? Kennt ihr euren eigenen Vater nicht mehr?“ rief Kydilla, die den Kindern gefolgt war. „Kommt und begrüßt ihn!“

Herakles breitete seine Arme aus.

„Wie ich mich nach euch gesehnt habe!“ rief er. „Laßt euch umarmen! Ihr werdet euch doch nicht vor mir fürchten?“

Lachend ging er den Kindern ein Stück entgegen, und nun fielen sie ihm um den Hals, ließen sich hoch in die Luft werfen und schrien vor Freude.

Da flog ein Vogel aus einem Baum auf, gab einen ganz eigenartig schrillen Laut von sich und verschwand.

Herakles sah ihm nach: „Was war das für ein Vogel?“

„Ich weiß es nicht, ich habe ihn noch nie gesehen“, antwortete Alkmene. „Doch warum fragst du?“

„Genau so einem Vogel bin ich auf meinem Heimweg begegnet. Ein alter Mann sagte mir, daß dieser Vogel Unglück bedeute. Da kam solche Unruhe über mich. Ich fürchtete, euch könnte etwas Unheilvolles zugestoßen sein. So schnell ich nur konnte, eilte ich heimwärts, um nach dem Rechten zu sehen und um euch zu beschützen.“

Alkmene lächelte und strich ihm liebevoll über den Arm. „Hier ist alles in Ordnung, Herakles.“

„Den Göttern sei Dank!“ Mit einem Seufzer der Erleichterung wandte sich Herakles seinen Kindern zu. Sie umringten ihren Vater, versuchten, an ihm hochzuklettern, und zupften und zogen an dem Löwenfell, das er um seine Schultern trug. Herakles lachte über so viel Übermut.

„Jetzt laßt mich aber ein wenig ausschnaufen", bat er dann. „Ich muß ins Haus, um am Altar für die Götter ein Feuer zu entzünden. Wißt ihr, das ist mein Dank dafür, daß der Krieg endlich aus ist. Wartet hier, ich bin bald wieder zurück!"

Doch die Kinder wollten sich nicht abschütteln lassen. Sie lachten und klammerten sich noch fester an ihren Vater.

„Sie möchten nicht, daß du wieder weggehst!"

„Das wäre doch wohl das Letzte, das ich wollte!" rief Herakles. „Jetzt will ich wirklich für immer zu Hause bei euch bleiben!"

Er kniete sich inmitten der Kinderschar nieder, hob den Zeigefinger und drohte scherzhaft: „Hört einmal, ihr kleinen Flöhe, wenn ihr jetzt nicht sofort mein Löwenfell auslaßt, dann nehme ich euch ins Schlepptau wie ein Schiff seine Kähne."

Doch die Kinder waren so ausgelassen und so übermütig, daß sie nur noch mehr kicherten und lachten und sich noch fester in das Fell verkrallten.

„Bitte schön, wie ihr wollt!" lachte nun auch Herakles und stand auf. „Dann müßt ihr mir eben ins Haus folgen. – Auf geht es, Kinder! Wir segeln dahin!" Er breitete seine Arme wie Flügel aus, und das Löwenfell wurde zu Vogelschwingen. So schaukelte und segelte Herakles in kleinen Sprüngen dem Haus zu, die jauchzenden Kinder im Kielwasser.

„Schaut, schaut! Da schwebt der große Held mit seinen Sprößlingen dahin!" rief Kydilla lachend.

Alkmene sah der fröhlichen Schar nach. Vater und Kinder waren schon längst im Haus verschwunden, doch deren Lachen war noch immer zu hören.

„So zieht das Glück in unser Haus", sagte Alkmene leise. „Und jetzt, Kydilla, lauf und suche Megara. Sag ihr, daß ihr Gatte heimgekehrt ist."

Doch Kydilla rührte sich nicht von der Stelle. Ihr Lachen war verstummt, sie stand da und starrte auf eine sonderbare

Wolke, die in großer Geschwindigkeit am Himmel aufstieg.

Alkmene folgte dem Blick der Dienerin. „Welch dunkle Wolke da auf uns zukommt!“

„Ja, sie sieht bedrohlich aus“, flüsterte Kydilla. „Und schau, wie rasch sie sich nähert!“

Alkmene packte Kydilla am Arm. „Das ist keine Wolke, Kydilla. Das ist ein Wagen, ein häßlicher schwarzer Wagen. Er jagt über den Himmel dahin.“

Voller Entsetzen blickten die Frauen auf das seltsame Gefährt. Von zwei ungestümen Pferden gezogen, brauste es immer näher heran. Eine fürchterliche Gestalt mit wild flatterndem Haar und Augen, die wie Feuer flammten, lenkte den Wagen. Mit der einen Hand hielt sie die Zügel stramm, in der anderen Hand züngelte ein Bund zusammengeringelter Schlangen, die sie als Peitsche benutzte.

„Das ist Lyssa – der Dämon des Wahnsinns!“ Kydilla wurde kreidebleich. „Ja. Ich erkenne sie deutlich!“

Alkmene erstarrte vor Schreck. Sie wußte, daß die Götter die fürchterliche Lyssa auszusenden pflegten, wenn sie einen Menschen mit Wahnsinn bestrafen wollten.

„Wen mag sie hier suchen?“ stammelte sie. „Wer ist es, den sie in den Wahnsinn jagt?“

Zum Entsetzen der beiden Frauen steuerte Lyssa den Wagen geradewegs auf Herakles’ Haus zu und landete auf dem Dach. Sie stieg aus – Roß und Wagen erhoben sich wieder in die Lüfte und entschwanden.

Schreckgelähmt standen Alkmene und Kydilla vor dem Haus. Sie mußten zusehen, wie Lyssa eine altertümliche Flöte hervorholte und an die Lippen führte.

„Jetzt gibt es keine Rettung mehr!“ rief Alkmene verzweifelt.

Da durchschnitten auch schon die ersten grellen Töne die friedliche Stille. Lyssa warf ihren Kopf in den Nacken und begann zu tanzen. Ihre Füße zertrampelten die Dachbalken, als wären sie Strohhalme. Immer gräßlicher gellte Lyssas Flötenspiel, immer wilder wirbelte sie in ihrem Tanz über das zerborstene Dach.

Plötzlich gellte aus dem Haus ein unmenschlicher Schrei.

„Herakles – das ist Herakles!“ rief Alkmene. Gefolgt von Kydilla rannte sie dem Eingang zu.

Nur mit großer Mühe gelang es den beiden Frauen, die schwere Tür, die durch einen herabgestürzten Balken blockiert war, aufzubekommen. Doch welch grauenhafter Anblick bot sich ihnen beim Betreten des Saales: Inmitten aller Trümmer, von blinder Raserei erfaßt, tobte Herakles. Tische und Stühle schleuderte er um sich, und immer wieder schrie er: „Gebt mir meine Keule! Reicht mir meine Waffen! Ich reiße die Mauern von Mykene nieder und werfe alle meine Feinde ins Feuer!“

Alkmene wollte zu ihm, doch Kydilla hielt sie zurück: „Es ist zu spät. Der Wahnsinn ist seiner Herr geworden.“

Jetzt packte Herakles seine Keule. Er schlug wild um sich, ging auf Tische und Bänke los und zertrümmerte alles, was ihm in den Weg kam. „Ha, da hab ich einen. Und da, noch einen. Alle werde ich sie erschlagen!“ schrie er und warf die Trümmer ins Feuer.

„Er glaubt, die Bänke und Tische sind seine Feinde“, wehklagte Kydilla und schlug die Hände vors Gesicht.

„Das ist Heras Werk! Sie hat Lyssa ausgeschickt, um uns ins Verderben zu stürzen!“ Alkmene sah zum Dach hinauf. Zwischen dem zersplitterten Gebälk tanzte Lyssa ihren fürchterlichen Schreckenstanz.

„Halt ein!“ flehte Alkmene verzweifelt. „Halt endlich ein!“

Doch Lyssas Tanz wurde nur noch wilder. Immer schrillere Flötenpfiffe durchdrangen den Saal. Schwere Balken stürzten nieder, zerbarsten, fingen Feuer, und bald war der ganze Raum von qualmendem, schwarzem Rauch erfüllt.

„Fort! Wir müssen fort von hier!“ rief Kydilla.

Doch Alkmene stand wie festgewurzelt da – ein entsetzlicher Gedanke durchfuhr sie: „Die Kinder – wo sind die Kinder? Komm, schnell! Wir müssen die Kinder finden. Wir müssen sie retten!“

Sie tasteten sich durch die dunklen Rauchschwaden. Aber jede Hilfe kam zu spät.

Aufgeschreckt vom irrsinnigen Tun ihres Vaters waren die

Kinder ins Feuer gelaufen und in den Flammen umgekommen.

Jetzt erst beendete Lyssa ihren unheilvollen Tanz und verschwand so schnell, wie sie erschienen war.

Im selben Augenblick fiel Herakles völlig erschöpft zu Boden und versank in tiefen Schlaf.

Lange Zeit lag Herakles unbeweglich da. Und als er nach Tagen endlich wieder erwachte, konnte er sich an nichts erinnern. Seine Mutter mußte ihm schließlich erzählen, was an Schrecklichem geschehen war. Doch Herakles konnte und wollte es einfach nicht glauben.

„Was sagst du da?" stammelte er verwirrt. „Meine Kinder sind tot? Meine über alles geliebten Kinder sind im Feuer umgekommen? Ja wieso habe ich mich nicht in die Flammen gestürzt, um sie zu retten? So antworte doch!" schrie er.

Alkmene hatte sich abgewandt, um ihre Tränen zu verbergen. „Die Göttin Hera hat Lyssa ausgeschickt, um dich in Wahnsinn und Raserei zu hetzen. Du warst von Sinnen, du wußtest nicht, was du tatest!" flüsterte sie.

„Wo war ich, als das Unheil geschah?"

„Im großen Saal, vor dem Altar. Du hast dort für die Götter ein Dankesfeuer entzündet. Dieses löste den Brand aus."

Lange saß Herakles da, den Kopf in seinen Händen vergraben. Dann sprang er plötzlich auf und begann, hin und her durch den Saal zu gehen, immer wieder – hin und her.

„Was helfen mir all meine Taten, all meine Siege?" schrie er in heller Verzweiflung. „Welches Recht habe ich noch zu leben? Ich, der ich nicht einmal imstande bin, meine eigenen Kinder zu beschützen? Ich, der ich nicht vermag, meine Kinder, das Liebste, das ich je besaß, vor einem erbärmlichen Flammentod zu bewahren? Oh, ich möchte mich ins Meer stürzen! Mir mein Schwert in die Brust stoßen! Ich weiß keinen Ausweg für mich."

Plötzlich hielt er in seinem Klagen inne. „Wo ist meine Frau? Wo ist Megara?"

Alkmene schwieg.

Herakles seufzte tief. „Ich verstehe. Sie will nichts mehr von mir wissen, sie hat mich verlassen. Ach, Mutter, so sag doch, was ich tun soll!"

Mit sanfter Stimme antwortete Alkmene: „Du mußt versuchen, Vergebung zu erlangen für das, was geschehen ist. Als du im tiefen Schlaf versunken dalagst, bekam ich eine Botschaft von Apollo."

„So sprich! Was verlangen die Götter? Was muß ich tun?"

„Du sollst dich nach Mykene begeben, zu deinem Vetter Eurystheus, der dort König ist ..."

„Zu Eurystheus?" rief Herakles. „Zu dem Menschen, den ich am meisten verabscheue? Zu dem Schwachkopf, der so verächtlich über mich und meine Familie spricht? Der nichts Besseres zu tun hat, als immer wieder böse Gerüchte über uns zu verbreiten? – Zu dem gehe ich nicht! Niemals! Das können die Götter nicht von mir verlangen!"

„Du m u ß t gehen, Herakles!" Alkmene sah ihrem Sohn fest in die Augen. „Apollo will, daß du zwölf Jahre lang Eurystheus dienen und alle seine Befehle ausführen sollst. Dies wird dir als Buße auferlegt. Danach bist du wieder frei. Also überwinde dich, mein Sohn, und geh, auch wenn es dir noch so schwer fällt!"

Alkmene umarmte Herakles. Der senkte den Kopf und sprach: „Ich gehe. Es bleibt mir ja keine andere Wahl. – Jetzt kann Hera triumphieren. Tanzen kann sie, tanzen, daß der Boden des Olymps widerhallt vom Klang ihrer Absätze. Nun hat sie erreicht, was sie wollte, jetzt ist sie am Ziel: Sie hat mich und meine Kinder, sie hat mein ganzes Glück vernichtet. Jetzt endlich wird sie wohl zufrieden sein."

Nach diesen bitteren Worten verabschiedete sich Herakles von seiner Mutter und verließ sein Heim.

Ein demütigender Besuch

Die Trauer um seine Kinder lastete schwer auf Herakles, und es war ein langer Weg, den er zu gehen hatte, ehe er Mykene, die Königsstadt von Argolis, erreichte.

Zum ersten Mal kam er in das Land, das ihm von Geburt an Gott Zeus zugedacht hatte. Doch durch die List Heras war der untaugliche Eurystheus König geworden. Wenngleich Herakles nie daran gedacht hatte, mit Eurystheus um die Königsmacht zu kämpfen, so empfand er es doch als sehr bitter und demütigend, gezwungen zu sein, diesem als Sklave dienen zu müssen.

Schweren Herzens betrat er die Königsburg und bat, beim König vorgelassen zu werden. Verächtlich sahen die Wachen auf den Fremden in dem zerschlissenen Löwenfell, doch schließlich führten sie ihn in den Königssaal. Dort saß König Eurystheus auf seinem Thron und naschte Datteln.

Er war ein kleiner, spindeldürrer Mann mit schütterem Haar, spitzer Nase und einem wippenden hellbraunen Kinnbart. Als er den Fremdling in seiner staubigen Bekleidung erblickte, rümpfte er geringschätzig die Nase.

„Was willst du hier?“ fragte er mit piepsender, keifender Stimme. „Los, heraus mit der Sprache. Ich habe keine Zeit, mich mit schmutzigen Landstreichern abzugeben!“

Er stopfte den Mund mit Datteln voll und spuckte die Kerne Herakles vor die Füße, um seine Verachtung zu zeigen.

„Bist du Eurystheus, der König von Mykene?“

„Wer sollte ich denn sonst sein?“ schnauzte der König seinen Besucher an. „Und wer bist du?“

Karte IX: Sternbild SKORPION. *Am 1. Juli um 22 Uhr kann man dieses Sternbild mit Blick* Richtung Süden *sehr gut über dem Horizont sehen. Am 1. Juni müßte man dazu bis Mitternacht warten.*

„Ich bin Herakles, dein Vetter!"

„Herakles?" stammelte Eurystheus und fuhr erschrocken zurück, als hätte ihm jemand einen stinkenden Fisch vor die Nase gehalten. „Nein, beim Hades, mit dir will ich nichts zu tun haben!" Er winkte ängstlich den Wachen: „Führt ihn fort, rasch! Führt ihn fort."

Herakles warf den Wächtern einen Blick zu, der sie ängstlich zurückweichen ließ. „So warte doch!" rief er. „Ich komme mit einer Botschaft von Apollo!"

„Von Apollo?" wiederholte Eurystheus mißtrauisch. „Nun, so sage, was du zu sagen hast. Aber rasch, denn mir wird ganz schlecht, wenn ich noch länger das häßliche Löwenfell sehe."

„Ich bin von Apollo hierher geschickt worden, um dir zu dienen", erklärte Herakles mit einem Gesicht wie aus Stein.

Eurystheus kniff die Augen zusammen und lachte spöttisch. „Glaubst du, du kannst mir einen solchen Bären aufbinden? Oh nein! Ich weiß genau: du bist gekommen, um Krach zu schlagen. So liegen die Dinge. Du bist ja schon immer eifersüchtig auf mich gewesen, weil ich zuerst geboren wurde und daher König von Argolis bin. Ich rate dir: verschwinde! Verschwinde, so schnell du nur kannst!"

Herakles erhob seine Stimme: „Dem Willen Apollos müssen wir beide gehorchen."

„Was habe ich Apollo getan, daß er mir dich auf den Hals hetzt?" jammerte der König. „Du wirst doch nicht freiwillig hergekommen sein, um mir zu dienen?"

„Ich habe eine Strafe abzubüßen. Ich verursachte eine Feuersbrunst, in der meine Kinder ums Leben gekommen sind", antwortete Herakles. Er wandte den Kopf ab, um seine Tränen zu verbergen.

Nun begriff Eurystheus, worum es ging, und ein schadenfrohes Lächeln breitete sich über sein Gesicht.

„Ja, wenn dem so ist!" Hoheitsvoll setzte er sich auf seinem Thron zurecht und sah dann herablassend auf Herakles. „Siehst du", nickte er schadenfroh, „so geht es eben, wenn man seinen bösen Jähzorn nicht bezähmen kann. Hast du nicht schon seinerzeit deinen armen Lehrer halb zu Tode geschlagen, nur weil er versucht hat, dir ein wenig Weisheit in deinen Dickschädel einzutrichtern? Daß das einmal schlecht ausgehen muß, war doch vorauszusehen."

„Dann kannst du ja jetzt zufrieden sein!" Der Zorn über die Demütigung erstickte Herakles' Stimme. „Hör auf mit deinem Hohn!" rief er. „Sag mir endlich, was ich zu tun habe."

„Fall auf die Knie!"

Mit einem tiefen Seufzer kniete Herakles nieder.

„So, jetzt bist du auf deinem richtigen Platz!" triumphierte Eurystheus und erhob sich von seinem Thron.

„Gib mir einen Auftrag, damit ich von hier wegkomme." Herakles ballte seine Fäuste in ohnmächtiger Wut.

„Einen Auftrag? Nun – laß mich nachdenken!" Eurystheus begann im Saal hin und her zu stolzieren, er wollte seinen Triumph auskosten und Zeit zum Nachdenken gewinnen. „Ja, jetzt hab ich es!" rief er plötzlich und klatschte in die Hände, sichtlich begeistert über seine Idee. „Du gehst doch immer in diesem alten Löwenfell herum, damit alle Leute glauben, du seist ein großer Jäger. Dies zu beweisen, sollst du jetzt Gelegenheit haben. Begib dich ins Tal von Nemea. Dort haust ein Löwe. Er verbreitet unter allen Menschen, die in dieser Gegend leben, Angst und Schrecken. Niemandem ist es bisher gelungen, ihn zu töten. Deshalb gebe ich dir hiermit den Auftrag: Geh ins Tal von Nemea und besiege dieses Untier! Komm dann zurück und bringe mir das Fell des Löwen, zum Beweis dafür, daß du meinen Befehl ausgeführt hast. – So, Herakles. Nun kannst du gehen!"

„Endlich! Lieber kämpfe ich gegen alle Ungeheuer der Welt, als vor dir auf den Knien zu liegen, Eurystheus!" Herakles sprang auf und stürmte mit einer solchen Geschwindigkeit aus dem Saal, daß sowohl der König als auch seine Wächter buchstäblich gegen die Wand gefegt wurden.

„Ich hoffe, du wirst von dem Löwen aufgefressen!" schrie ihm Eurystheus nach. Er schwenkte seine Faust so drohend, wie es ihm möglich war, hinter Herakles her, wandte sich seinem Thron zu und stopfte seinen Mund wieder genüßlich mit Datteln voll.

Der Löwe von Nemea

An der nördlichen Grenze von Argolis erheben sich gewaltige Berggipfel, und zwischen ihnen liegt ein Tal, das Nemea genannt wird. Dorthin begab sich Herakles. Auf seinem Weg fragte er alle Menschen, denen er begegnete, wo er wohl den Löwen finden könnte, aber niemand vermochte ihm darüber Auskunft zu geben. Alle warnten ihn jedoch vor dem fürchterlichen Untier und versicherten, daß bisher jeder Versuch, den Löwen in Gruben oder Fallen zu fangen, oder ihn mit Pfeil und Bogen zu erlegen, gescheitert wäre. Der Löwe, so berichteten sie, umginge die Fallen, und die Pfeile schüttelte er ab wie Schilfhalme.

Schließlich stieß Herakles auf einen armen Bauern, der einsam in einer Hütte am Rande der Wälder von Nemea hauste. Anfangs wollte der Bauer nicht mit der Sprache herausrücken, doch allmählich zeigte es sich, daß er sehr wohl wußte, wo der Löwe seine Höhle hatte.

„So verrate mir doch endlich, wo die Höhle des Löwen ist", drängte Herakles voll Ungeduld.

Der Bauer schüttelte den Kopf. „Nein, das verrate ich dir nicht. Denn weißt du, der Löwe ist unverwundbar, und er tötet jeden, der sich ihm nähert. Meinen eigenen Sohn habe ich verloren, weil er so starrköpfig war und glaubte, er könne diese Bestie besiegen. Doch auch er mußte mit seinem Leben bezahlen, so wie alle anderen." Der Bauer seufzte. „Glaub mir, diesen Löwen kann kein Mensch besiegen."

„Aber warum sollte gerade dieser Löwe unbesiegbar sein?" wunderte sich Herakles.

Karte X: Sternbilder STEINBOCK (links) und SCHÜTZE (rechts). *Die beiden kann man gut im Herbst beobachten. Am 1. 9. um 22 Uhr oder am 15. 9. um 21 Uhr sieht man sie mit Blick* Richtung Süden *so, wie auf der Karte angegeben.*

„Das will ich dir erklären“, sagte der Bauer geheimnisvoll. „Dieser Löwe ist nämlich ein ganz besonderer Löwe. Er stammt vom Mond ab.“

Der Bauer schlich zum Eingang seiner Hütte und spähte vorsichtig in die dunkle Nacht hinaus. Dann kam er zurück, legte einige Holzscheite ins Feuer und erklärte: „Man kann nie vorsichtig genug sein. Falls der Löwe irgendwo in der Nähe herumstreicht, soll er besser nicht hören, wovon wir sprechen.“

Herakles konnte es nicht lassen: er lächelte ungläubig. „Ja, bildest du dir wirklich allen Ernstes ein, der Löwe kann verstehen, was wir reden?“

„Das tut er ganz bestimmt, darauf kannst du Gift nehmen“, versicherte der Bauer. „Und wenn du willst, erzähle ich dir seine Geschichte.“

Herakles nickte.

Der Bauer stocherte in der Holzglut und warf neue Scheite ins Feuer, ehe er weitersprach. „Du wirst wohl wissen“, begann er dann, „daß Selene, die Mondgöttin, einen lieblichen Garten und einen schimmernden Palast zwischen den Bergen und Tälern des Mondes hat. Einmal, als die Göttin auf der Reise in ihrem silbernen Wagen unterwegs war, bemerkte sie, daß sich im Gebüsch etwas bewegte. Sie fand dort ein kleines Löwenjunges, das von seiner Mutter ausgesetzt worden war. Selene war entzückt, sie nahm das Junge mit sich nach Hause und behandelte es wie ein niedliches Spielzeug. Es wuchs bei ihr in Reichtum und Überfluß auf und wurde das Lieblingstier der Göttin. Sie verhätschelte es, spielte mit ihm und gab ihm alles, was es nur wollte. Die Zeit verging, das Löwenjunge wuchs zu einem großen, kräftigen Tier heran, das sich in seinen Spielen immer wilder und wilder gebärdete. Da wurde Selene des Spielgefährten überdrüssig, sie wollte nichts mehr mit ihm zu tun haben, er war ihr zu ungestüm, zu grob geworden. Eines Tages war der Löwe ganz besonders verspielt, und als er zärtlich seine großen Pranken auf die Schultern der Göttin legte, geschah es, daß ihr zarter Schleier zerriß. Darüber ärgerte sich Selene sehr, und in ihrem Zorn schüttelte sie den Löwen mit solcher Heftigkeit ab, daß er ins All hinausflog und schließlich auf die

Erde hinunterplumpste, und zwar genau hierher. Genau hier, im Tal von Nemea, landete er. Man kann sich leicht vorstellen, wie der Löwe sich gefühlt hat: ausgestoßen von dem schönen Mond, kam er nun in eine recht wilde und unwirtliche Gegend. Er mußte erst einmal lernen, zu jagen und Futter zu finden. Jede Nacht, wenn der Löwe die Mondgöttin über das Sternenzelt fahren sah, hob er seinen Kopf himmelwärts und heulte herzzerreißend. Doch Selene wandte sich ab und kümmerte sich nie mehr um den einstigen Spielgefährten. Da wurde der Löwe bösartig und begann, alles Lebende, das ihm in den Weg kam, zu töten. – Jetzt wagt es niemand mehr, das Tal von Nemea zu betreten", schloß der Bauer seine Erzählung.

In diesem Augenblick erscholl ein wildes, klagendes Geheul.

„Jetzt hörst du es selbst!" nickte der Bauer. „So brüllt er immer, wenn der Mond aufgeht. Wehe dem, der dem Löwen heute nacht in die Quere kommt!"

„Ich kann mir nicht helfen, mir tut der Löwe leid!" sagte Herakles. Und als ihn der Bauer verwundert ansah, fuhr er fort: „Weißt du, ich habe selbst erfahren müssen, wie es ist, dem Zorn einer Göttin ausgeliefert zu sein."

Der Bauer verstand zwar nicht, wovon Herakles sprach, doch auch er war der Meinung, daß der Löwe ungerecht behandelt worden sei.

„Zeig mir, wo die Höhle des Löwen ist. Ohne Waffen will ich ihm entgegentreten. Ich will ihn nicht töten", erklärte Herakles. „Ich werde den Löwen fangen und von hier wegbringen. Er soll weiterleben – aber nicht hier, sondern anderswo!"

Nach einigem Zögern ließ sich der Bauer schließlich doch überreden. Im Morgengrauen führte er Herakles hinauf in die Berge. Es war ein mühsamer Weg, bis sie endlich am Fuß des höchsten Berggipfels ankamen.

„Das ist der Berg Treton, der ‚Durchbohrte'", sagte der Bauer. Er zeigte auf eine dunkle Öffnung in der Bergwand: „Siehst du, dort ist die Höhle. Sie geht durch den ganzen Berg hindurch. Der zweite Eingang ist auf der anderen Seite. Mehr weiß ich selber nicht. Und jetzt: Leb wohl! Die Götter mögen dich beschützen."

Herakles dankte für die Hilfe und machte sich ans Werk. Zunächst rollte er einen großen Felsblock heran und verschloß damit den Höhleneingang. Danach kletterte er auf die andere Seite des Berges und suchte nach dem zweiten Eingang. Es dauerte lange, bis er ihn in einer versteckten Felsennische fand. Ehe er die unheimliche Grotte betrat, legte er Schwert, Pfeil und Bogen ab; nur seine Holzkeule nahm er mit, als er begann, sich in der Dunkelheit vorwärtszutasten.

Schon nach wenigen Schritten entdeckte Herakles, daß der Berg von unzähligen Gängen und Spalten durchzogen war. Er blieb stehen. Mit angehaltenem Atem lauschte er: Wo war der Löwe?

Aber da war nur das Wasser, das von der Höhlendecke tropfte, und dazwischen etwas wie ein leises Seufzen, wenn der Wind durch die Gänge und Ritzen des Berges drang. Herakles tastete sich vorsichtig weiter. Da stieß er plötzlich gegen einen Felsen. Er verlor das Gleichgewicht, rutschte auf den nassen Steinen aus, und im Fallen entglitt ihm seine Holzkeule.

Im selben Augenblick kam aus nächster Nähe ein schreckliches Gebrüll. Durch alle Gänge hallte es wider, den ganzen Berg schien es zu erfüllen: der Löwe war erwacht. Zwei grüne Augen leuchteten in der Dunkeheit auf. In der nächsten Sekunde stürzte sich der Löwe über Herakles.

Ein Kampf auf Leben und Tod begann.

„Du bist viel größer und stärker, als ich dachte“, keuchte Herakles. Verzweifelt versuchte er, auf die Beine zu kommen. Der schnaubende Atem des Löwen streifte sein Gesicht, die mächtigen Pranken drückten ihn immer wieder zu Boden. Erst nach einem erbitterten Ringkampf gelang es Herakles, die Mähne des Löwen in den Griff zu bekommen und das Tier mit einem gewaltigen Ruck zu Boden zu zwingen. Doch der Löwe umklammerte Herakles mit seinen riesenhaften Tatzen und riß ihn mit sich. Jetzt waren beide auf dem glatten Boden gelandet und rollten über das nasse Gestein.

Es stand schlimm um Herakles. Der Löwe hatte die Oberhand gewonnen, sein schwerer Körper lag über Herakles, und er erdrückte ihn nahezu. Die scharfen Krallen bohrten sich in seine Schultern. Schon glaubte Herakles, alles sei verloren, da spürte er seine Keule neben sich. Unter äußerster Kraftanstrengung bekam er mit Müh und Not einen Arm frei und griff nach der Keule. Er sammelte all seine Kraft und schlug auf den Kopf des Löwen ein. Stöhnend sank das Tier zu Boden, betäubt von der Wucht der Keule.

Herakles atmete auf. Er gönnte sich eine kurze Rast, dann hob er das gewaltige Tier auf seine Schultern, tastete sich aus der Grotte und begab sich auf den Weg zurück nach Mykene.

Sein Marsch war lang und mühevoll, und das Gewicht des Löwen lastete schwer auf seinem Rücken.

Als Herakles sich schließlich seinem Ziel näherte, ging der Tag bereits zur Neige.

In den frühen Abendstunden spazierte König Eurystheus in seinem königlichen Garten auf und ab, um nach des Tages Hitze Kühlung zu finden. Er fühlte sich froh und zufrieden und pries sich glücklich, Herakles einen solch schweren Auftrag gegeben zu haben.

„Den Kerl bin ich ein für allemal los“, murmelte er schadenfroh. „Den hat der Löwe längst gefressen.“

Da tauchte aus dem Dunkel eine Gestalt auf.

„Wer ist da?“ flüsterte Eurystheus ängstlich.

„Ich, ich bin es nur!“ rief Herakles und kam näher.

Dem König fuhr der Schrecken in die Knochen. „Was – du? Du – Herakles?“

Herakles lachte. „Hast du mich denn nicht zurückerwartet?“ fragte er. „Ich habe doch von dir den Auftrag bekommen, das Löwenfell von Nemea zu holen. Bitte – hier ist es!“

Herakles warf den riesigen Löwen mit einem einzigen Ruck dem König genau vor die Füße.

Durch diese unsanfte Behandlung erwachte der Löwe. Er war noch ein wenig benommen und gab nur ein schwaches Murren von sich. Aber das genügte schon, um den König vor Schreck erstarren zu lassen.

„Lebt denn diese Bestie noch?“ wisperte er mit zittriger Stimme.

„Es scheint so“, antwortete Herakles spöttisch. „Doch was macht das? Du hast mir befohlen, mit dem Löwenfell wiederzukommen – nun, da hast du es! Daß der Löwe noch drinnensteckt, das wird dir doch nichts ausmachen?“

„Tu den Löwen weg! Bring ihn weg!“ kreischte Eurystheus.

Die schrille Stimme des Königs bereitete dem Löwen Pein, denn sein Schädel schmerzte noch immer von dem kräftigen Keulenschlag des Herakles. Er stellte sich auf die Hinterpfoten und gab ein zorniges Gebrüll von sich.

Eurystheus taumelte gegen den nächsten Baum. „Wohin mit mir?“ wimmerte er in höchster Not. „Wo finde ich vor diesem Untier Schutz?“ Verzweifelt blickte er um sich – wo konnte er wohl einen sicheren Zufluchtsort finden? Da fielen seine Augen auf eines der riesengroßen Kupfergefäße, die den Garten des Palastes zierten. Schnell wie der Blitz lief er darauf zu und kletterte in den Krug hinein.

Herakles brach in schallendes Gelächter aus. Er ging zu dem Krug und spähte in das Innere des Gefäßes.

Dort kauerte der König und fuchtelte mit den Armen um sich. „Bring den Löwen weg. Bring ihn weg!“ winselte er.

Der Löwe schüttelte seine Mähne und brummte grimmig.

„Du reizt ihn nur mit deinem Gezeter, Eurystheus. Ich rate dir: sei vorsichtig“, warnte Herakles. „Der Löwe kann diesen Krug mit einem einzigen Prankenhieb zertrümmern!“

Eine Weile herrschte Stille, doch bald darauf durchzog das langgedehnte Brüllen des Löwen den königlichen Garten.

„Jetzt beginnt er schon wieder“, wehklagte Eurystheus und duckte sich noch tiefer in sein Versteck hinein.

Herakles wandte sich um. In einiger Entfernung saß der Löwe, seinen Blick gegen den Himmel gerichtet. Der Mond war gerade aufgegangen. In wilder Verzweiflung brüllte und heulte der Löwe immer wieder auf, voll rasender Wut gegen die unerbittliche Mondgöttin, die ihn überhaupt nicht beachtete und unbeteiligt ihre Reise über den Nachthimmel fortsetzte, ohne sich auch nur im geringsten um ihn zu kümmern.

Herakles erfaßte tiefes Mitleid mit dem Löwen. Er hob seine Arme gegen den Himmel und rief mit lauter Stimme: „Vater Zeus, hör mich an! Ich bin bereit, dir diesen Löwen als Opfer darzubringen. Aber laß ihn nicht sterben! Ich bitte dich, erhöre mein Gebet: Führe dieses Tier zum Firmament zurück, dorthin, woher es kam!"

Die Antwort des Göttervaters war ein heller Blitzstrahl, dem ein ohrenbetäubender Donnerknall folgte, der so gewaltig war, daß Herakles zu Boden stürzte. Als er nach einigen Sekunden wieder auf den Beinen stand und sich umschaute, war der Löwe verschwunden. Zeus hatte Herakles' inständiges Gebet erhört und den Löwen an das Himmelszelt gesetzt – jetzt war er wieder daheim.

Von Dankbarkeit und Glück erfüllt, stand Herakles da und bestaunte das neue, prächtig funkelnde Sternbild.

Da hörte er hinter sich ein zaghaftes Klopfen gegen die Wand des Riesenkruges, in dem Eurystheus immer noch versteckt war.

„Hallo, Herakles! Bist du noch hier?" piepste es aus dem Krug.

„Jaja, ich bin hier. Und du kannst wieder herauskommen", gab ihm Herakles Bescheid. „Der Löwe ist fort!"

„Ist das auch wirklich wahr?" wollte sich der ängstliche König vergewissern und steckte vorsichtig seinen Kopf über den Krugrand hinaus. Als er nirgendwo den Löwen sah, faßte er sein bißchen Mut zusammen und kletterte aus seinem Versteck.

Herakles ging auf ihn zu. „Ich hoffe, du bist jetzt zufrieden, König Eurystheus. Ich habe deinen Auftrag ausgeführt. Der Löwe wird in deinem Reich niemandem mehr etwas zuleide tun."

„Natürlich ist es gut, daß dieses Biest fort ist", antwortete der König mit weinerlicher Stimme. „Aber du hättest dieses Ungetüm doch gleich töten können, anstatt es lebendig hierher zu schleppen. Jaja, ich weiß schon, das hast du nur gemacht, um mich zu erschrecken und um mit deiner Stärke zu prahlen."

„Komm lieber zur Sache, Eurystheus, und sag, was ich als

nächstes tun soll.“ Die Ungeduld in Herakles’ Stimme war nicht zu überhören.

Nun, da der Löwe verschwunden war, fühlte sich der König wieder überlegen und verkündete herablassend: „Zwölf Heldentaten hast du zu vollbringen, ehe du wieder frei bist. Die mit dem Löwen war nur die erste!“

„So sprich endlich: was soll die nächste sein?“

„Das wirst du schon erfahren, aber nicht vor morgen früh! Ich will es mir heute nacht ausdenken!“ erklärte Eurystheus und kicherte hinterlistig. „Aber eines kann ich dir jetzt schon sagen: so leicht und so einfach wie das erste Mal wirst du nicht mehr davonkommen! – Diesen alten, zahnlosen Löwen einzufangen, das hätte ja bald einer zusammengebracht!“

Mit einem schadenfrohen Gelächter trippelte der König dem Palast zu. Er war fest entschlossen, sich eine Aufgabe auszudenken, die so schwierig und gefährlich war, daß Herakles sie nie und nimmer auszuführen imstande sein sollte.

Herakles indessen stand noch eine Weile im Garten und sah hinauf zum glitzernden Sternenhimmel. Und da war ihm, als schüttle der Löwe dort oben seine Mähne und lache aus vollem Hals über diese Jammergestalt von einem König.

Bis wir das nächste Mal zusammenkommen

Onkel Martin ließ den Globus einmal um die Achse schnurren, und alle sahen den vorbeihuschenden Sternbildern zu.

„Nun, Kristoffer", fragte der Onkel, „hat dir deine Geburtstagsgeschichte gefallen?"

„Und wie! Diesen Löwen hab ich richtig gern! Ich bin mächtig stolz darauf, daß der Löwe mein Sternbild ist." Kristoffer warf den Kopf in den Nacken und versuchte, ein fürchterliches Löwengebrüll nachzumachen. „Wißt ihr, es ist einfach herrlich, ein Löwe zu sein", versicherte er.

„Dann schlage ich die Fütterung der Raubtiere vor", lachte die Mutter. „Die Geburtstagstorte wartet. Und danach heißt es: marsch ins Bett, Kinder. Es ist spät geworden!"

„Aber vorher gehen wir doch noch einmal Sterne schauen! Ich meine: die richtigen, die am Himmel." Kristoffer nahm die Mutter bei der Hand und zog sie zur Verandatür.

„Ja, das müssen wir unbedingt!" rief Jenny. „Mama, du wirst staunen, was wir schon alles wissen."

„Und wir machen es ganz schnell!" versprach Jan, mit einem Seitenblick zurück ins Zimmer, wo er die Torte wußte. Er verspürte plötzlich ein gewaltiges Hungergefühl.

Draußen erwartete sie eine herrliche, wolkenlose Augustnacht. Eine Weile standen alle ganz mucksmäuschenstill und andächtig da und bestaunten die Pracht dort oben. Wie ein dunkelblaues samtenes Tuch wölbte sich der Himmel, die Sterne funkelten und knisterten so stark – „Als wollte jeder von ihnen etwas erzählen!" flüsterte Jenny.

Jetzt begannen die Kinder miteinander zu wetteifern.

„Da, Mama!" rief Jan. „Schau, da hast du den Herakles."

„‚Hercules' heißt er auf dem Globus und auf den Sternenkarten", beeilte sich Jenny, ihr Wissen zu verkünden. „Dort stehen nämlich alle Namen auf Latein. Aber in Griechenland hieß er ‚Herakles'."

„Schaut aus wie ein richtiger Muskelmann", stellte Jan fest.

„Und wenn du ihn nicht gleich findest, so schau zuerst auf den großen bläulichen Stern dort – siehst du ihn?“ sagte Kristoffer eifrig. „Das ist nämlich die Vega, im Sternbild der Lyra. Die kann man gar nicht übersehen.“

„Aha“, sagte die Mutter und folgte willig den Zeigefingern ihrer drei Sprößlinge. Sie wollte ihnen gerne Gelegenheit geben, alles von Onkel Martin Gelernte herzuzeigen.

„Von der Vega schaust du dann ein Stückchen nach rechts, und schon bist du beim Knie vom Herakles.“

„Und hast du das Knie, so hast du auch schon den ganzen Herakles“, mischte sich Jenny ein. „Er schaut eigentlich dem Orion ein bißchen ähnlich. Hat auch so breite Schultern und lange Beine, und ist auch ungefähr so groß wie er. Aber leider leuchten seine Sterne viel, viel schwächer als die vom Jäger Orion.“

„Und dort ist der Große Wagen ...“

„Und dort der Polarstern ...“

„Und der Kleine Wagen ...“

„Und dann noch die Kassiopeia ...“

Die Kinder riefen durcheinander, und die Mutter ließ sich alles genau erklären, ganz so, als sähe sie die Sterne zum ersten Mal.

„Und hier ist der Perseus!“ verkündete Kristoffer stolz. „Er steht mitten in der Milchstraße.“

„Ja, die ist heute ganz besonders schön zu sehen“, sagte Onkel Martin. „Wißt ihr, früher haben sich viele Völker die Milchstraße wirklich als eine Straße vorgestellt. Sie war für sie der Weg, auf dem die toten Seelen hinauf in den Himmel gewandert sind. Die helleren Sterne dort waren die Lagerfeuer, an denen sich die Seelen ausrasten und wärmen konnten.“

Jetzt standen alle und schauten auf das breite helle Band der Milchstraße ...

„So“, sagte die Mutter und machte der Beschaulichkeit ein Ende. „Und jetzt gehen auch wir ‚Ausrasten und Wärmen‘! Hinein in die gute Stube mit euch, zum Tortenessen. Und dann ab in die Betten!“

Kristoffer tätschelte den Sternenglobus, den er neben seinem

Teller aufgestellt hatte. Die Mutter teilte die Tortenstücke aus, und das große Schmausen begann.

„Ein toller Geburtstag!" Kristoffer mampfte mit vollen Bakken.

„Und ganz wilde Geschichten!" stellte Jan fest. Er war schon beim zweiten Tortenstück und sah sehr zufrieden aus. „Dieser Herakles, der war ein harter Bursche."

„Aber findet ihr nicht, daß es in diesen Geschichten manchmal fast ein bißchen zu grimmig zugeht?" fragte die Mutter.

Kristoffer angelte nach seinem zweiten Tortenstück. „Ja, schon, aber dafür ist es auch so spannend!"

„Diese Lyssa mit ihrem Tanz!" empörte sich Jenny. „Das war schon recht schrecklich. – Und diese Hera, die Herakles dauernd etwas antun will! Daß eine Göttin so voller Haß ist – das gefällt mir gar nicht."

„Die Leute haben sich eben früher die Götter und Göttinnen wie Menschen vorgestellt", erinnerte Jan.

„Ist der gute, tapfere Herakles eigentlich weiter von Hera verfolgt worden?" fragte Kristoffer.

„Da kannst du sicher sein", antwortete Onkel Martin. „Sie und ihr Schützling Eurystheus stellen unseren Helden noch vor viele schwierige und schier unlösbare Aufgaben."

„Wann wirst du uns denn weitererzählen, Onkel Martin?"

„Heute jedenfalls nicht mehr, und morgen auch nicht. Ihr wißt ja, daß ich morgen in der Früh wieder zur Arbeit muß."

„Ja, aber wann denn dann?" maunzten die Kinder.

Onkel Martin lachte. „Nun, vielleicht kann ich in einer Woche noch einmal zu euch kommen und einige Tage bleiben."

„Fein!" Kristoffer gab seinem Sternenglobus einen Schubs, so daß die Sterne wieder zu wandern begannen. „Und welches Sternbild kommt dann dran?"

„Genau das, wo du jetzt deinen Daumen hast!" versprach Onkel Martin und machte ein verschmitztes Gesicht. „Aber mehr verrate ich euch erst, wenn wir das nächste Mal zusammenkommen."

Buchhinweise

Hier sind die Titel von einigen Büchern, welche als Unterlage für die Bearbeitung dieser alten Sagen gedient haben:

Eva Hedén: Griechische Sagen
Karl Kérény: Die Mythologie der Griechen
Walter Heinrich Roscher: Ausführliches Lexikon der griechischen und römischen Mythologie
Julius D. W. Staal: Unsere Sternbilder

Wissenswertes über die Ekliptik

In diesem Buch spielen die sogenannten „Tierkreiszeichen“ eine große Rolle. Es handelt sich dabei um 12 Sternzeichen, die von altersher mit dem Rhythmus des Werdens und Vergehens während eines Erden-Jahres in Zusammenhang gesehen werden. Diese 12 Sternzeichen tauchen während eines Jahres in ganz bestimmten Zeitabständen auf, wenn man die „Wanderung“ der Sonne über den Fixsternhimmel beobachtet.

Diese gedachte Sonnenbahn wird auch „Himmelsäquator“ (auf griechisch „Ekliptik“) genannt – oder „Tierkreis“ (auf griechisch „Zodiak“). Man versteht darunter einen gedachten Kreis am Himmelsgewölbe, den die Sonne regelmäßig im Laufe eines Jahres scheinbar durchwandert. Entlang der Ekliptik bewegen sich zusammen mit der Sonne auch alle ihre Planeten (auf ihren Bahnen rund um die Sonne). Mit der Erde natürlich auch der Mond. Da alle diese Planeten und ihre Trabanten nicht still stehen, sondern ständig um die Sonne kreisen, kann man ihren Stand auf einer Sternenkarte nicht exakt festlegen, sondern immer nur für einen ganz bestimmten Zeitpunkt. Diese „Planetenstände“ spielen eine wichtige Rolle in der sogenannten „Astrologie“ (Sterndeutung). Sogenannte „Ephemeriden“ enthalten die Planetenstände für jede Stunde jedes Tages in jedem Jahr.

Unser Kalender orientiert sich freilich nur sehr schematisch an den 12 Tierkreiszeichen der Ekliptik, denn die Sonne tritt nicht am 1. Tag eines bestimmten Monats in ein neues Tierkreiszeichen ein, sondern zwischen dem 20. und 24. Tag. Am Tag des sogenannten „Frühlingsbeginns" tritt die Sonne z. B. in das Tierkreiszeichen Widder ein – am 21. März! Am 21. April „wandert" sie weiter zum Tierkreiszeichen Stier, am 22. Mai tritt sie in den Bereich der Zwillinge usw.

Die folgende Tabelle bietet einen Überblick über diese zwölf Tierkreiszeichen, ordnet sie ihren jeweiligen Jahreszeiten (Monaten) zu, gibt neben den bekannten deutschen auch ihre lateinischen (astronomischen) Namen an und verweist auf die Sternkarten in diesem Buch, auf denen alle zwölf Zeichen abgebildet sind. In der letzten Spalte sind auch noch die Zeichnungen mit Seitenangaben verzeichnet, auf denen das betreffende Sternbild zeichnerisch als „Wassermann", „Waage" oder „Skorpion" dargestellt wurde:

NAME		DATUM	KARTE (Seite)	BILD (Seite)
deutsch	lateinisch			
WIDDER	Aries	21. 3. – 20. 4.	II (S. 24)	120
STIER	Taurus	21. 4. – 21. 5.	IV (S. 58)	118
ZWILLINGE	Gemini	22. 5. – 21. 6.	V (S. 62)	104
KREBS	Cancer	21. 6. – 22. 7.	V (S. 62) u. VI (S. 78)	100
LÖWE	Leo	23. 7. – 23. 8.	VI (S. 78)	88
JUNGFRAU	Virgo	24. 8. – 23. 9.	VIII (S. 126)	84
WAAGE	Libra	24. 9. – 23. 10.	VIII (S. 126)	77
SKORPION	Scorpio	24. 10. – 22. 11.	IX (S. 134)	70
SCHÜTZE	Sagittarius	23. 11. – 21. 12.	X (S. 138)	61
STEINBOCK	Capricornus	22. 12. – 20. 1.	I (S. 16) u. X (S. 138)	54
WASSERMANN	Aquarius	21. 1. – 19. 2.	I (S. 16)	50
FISCHE	Pisces	20. 2. – 21. 3.	II (S. 24)	15

DIE EKLIPTIK

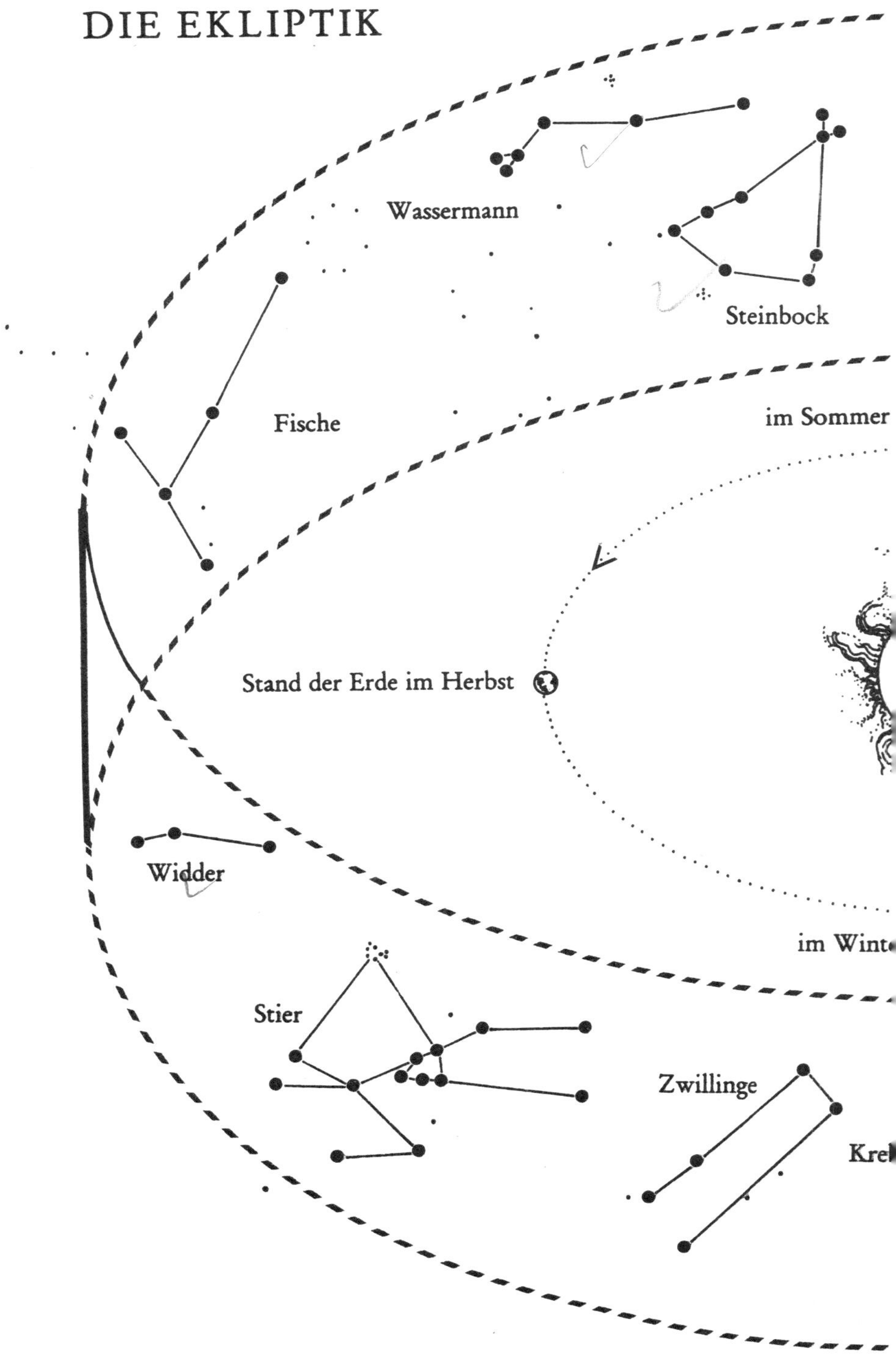

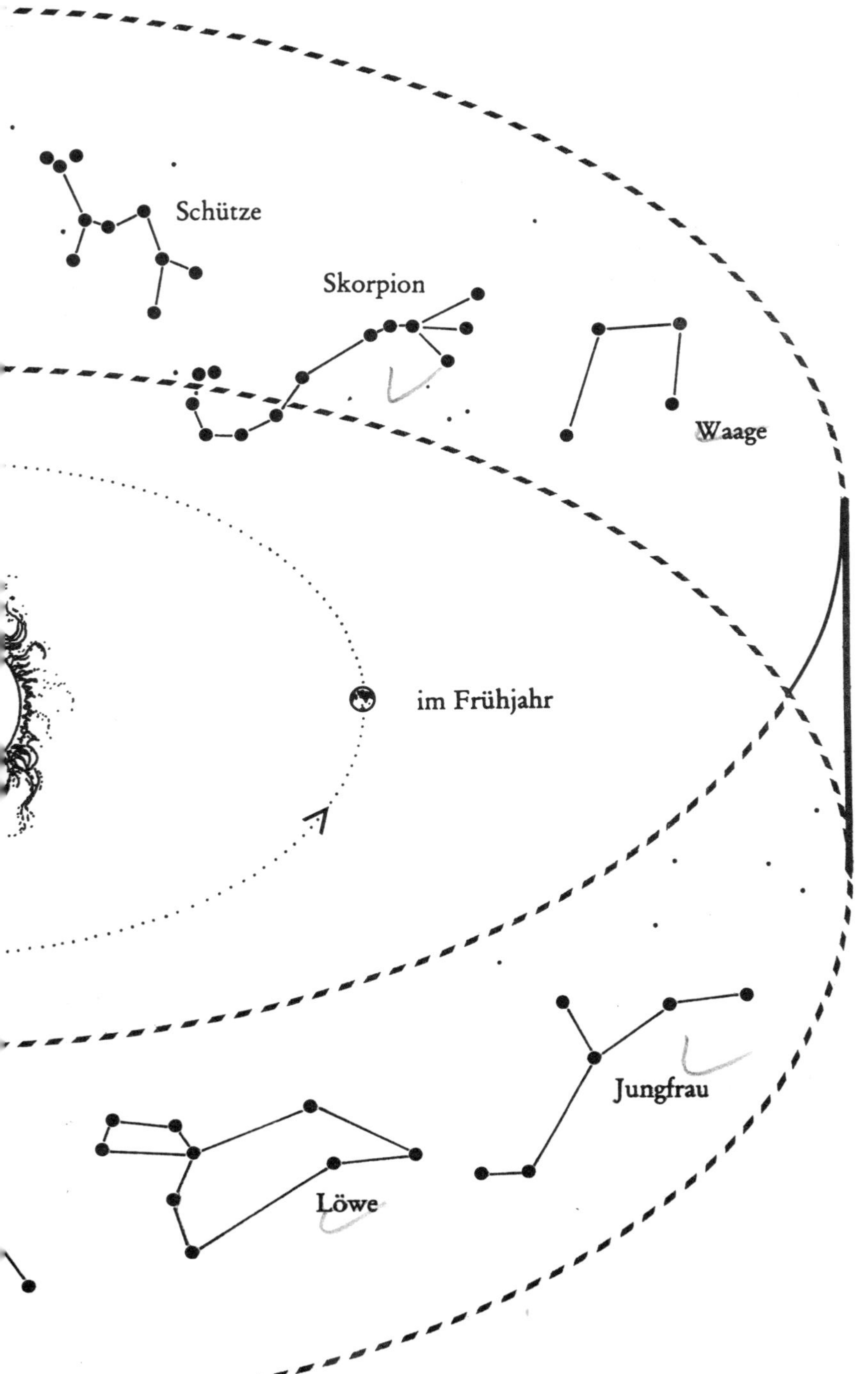

Schütze
Skorpion
Waage
im Frühjahr
Jungfrau
Löwe

Register

AIETES: Sohn von Helios, Bruder von Kirke und Nephele, Vater von Medea, Chalkiope und Apsyrtos. König von Kolchis.

AISON: Sohn von Tyro und Kretheus, Gatte von Polymede, Vater von Jason.

AKASTOS: Sohn von Pelias. Argonaut, später König von Iolkos.

ALKMENE: Tochter von Anaxo und Elektryon, Gattin von Amphitryon, Mutter von Herakles und Iphikles.

AMPHITRYON: Enkel von Perseus und Andromeda, Gatte von Alkmene, Vater von Iphikles.

ANDROMEDA: Tochter von Kepheus und Kassiopeia, Gattin von Perseus. Sternbild.

APHRODITE: die „Schaumgeborene“, Tochter von Zeus und Dione. Göttin der Liebe.

APOLLO: Sohn von Zeus und Leto, Zwillingsbruder von Artemis, Halbbruder von Hermes, Vater von Orpheus. Einer der höchsten Götter Griechenlands, Gott der Weissagung, der Künste und der Musik.

APSYRTOS: Sohn von Aietes, Bruder von Medea und Chalkiope.

AQUARIUS: s. Wassermann.

ARES: Sohn von Zeus und Hera. Gott des Krieges.

ARGO NAVIS: Das Schiff Argo der Argonauten. Großes Sternbild am südlichen Sternenhimmel, bestehend aus: Carina = Kiel, Puppis = Heck und Vela = Segel.

ARGONAUTEN: Teilnehmer an der Schiffsfahrt nach Kolchis, um das Goldene Vlies nach Griechenland zurückzuholen. Ihr Anführer war Jason.

ARGOS: Erbauer des Schiffes Argo.

ARIES: Widder. Sein Fell ist das Goldene Vlies. Er flog mit Phrixos und Helle nach Kolchis. Tierkreissternbild; Hauptstern: Hamal.

ARISTAIOS: Hirte. Wirbt um Eurydike, wird aber abgewiesen.

ARTEMIS: Tochter von Zeus und Leto, Zwillingsschwester von Apollo. Göttin der Jagd, zugleich Beschützerin der Kinder und alles Schwachen.

ATALANTA: Gefährtin der Argonauten. Berühmte Bogenschützin und Jägerin.

ATHAMAS: Gatte von Nephele, Vater von Phrixos und Helle. König von Orchomenos.
ATHENE: Tochter von Zeus, entsprang aus dessen Kopf. Schutzgöttin des Krieges, der Weisheit und der Künste.
BÄR, GROSSER: (auch Kallisto = die Schönste). Zirkumpolarsternbild, s. Wagen, Großer.
BÄR, KLEINER: Sohn von Kallisto. Zirkumpolarsternbild; Hauptstern: Polarstern, s. Wagen, Kleiner.
CANCER: s. Krebs.
CAPRICORNUS: s. Steinbock.
CARINA: Kiel des Schiffes Argo navis, Sternbild am südlichen Sternenhimmel.
CHALKIOPE: Tochter von Aietes, Schwester von Medea und Apsyrtos, Gattin von Phrixos.
CHARON: Fährmann, der die Toten über den Fluß Styx ins Totenreich des Hades führt.
CHARYBDIS: Alles verschlingender Strudel am Nordende der Straße von Messina.
CHIRON: Kentaur. Lehrer und Erzieher vieler Heroen, wie Jason, Achilleus, Asklepios, Herakles.
DELPHIN: kleines Sternbild zwischen Pegasus und Adler.
DRACO: s. Drachen.
DRACHEN: Hüter des Goldenen Vlies'. Zirkumpolarsternbild.
DRYADEN: Baumnymphen. Eine von ihnen war Eurydike.
EILEITHYIA: Tochter der Hera. Göttin der Geburt.
EKLYPTIK: Mittellinie des Tierkreises, scheinbare Sonnenbahn; „Finsternislinie".
EROS: Gott der Liebe.
EURYDIKE: Dryade, Gattin von Orpheus.
EURYSTHEUS: Sohn von Sthenelos von Nikippe, Vetter von Herakles. König von Argolis und Mykene.
FISCHE: (lat. „Pisces") Tierkreissternbild.
GAIA: Erdmutter, entsprang dem Urchaos. Mutter der Titanen.
GEMINI: s. Zwillinge.
GOLDENES VLIES: Fell des Widders Aries, das die Argonauten von Kolchis nach Griechenland zurückholten.
GORGONEN: Enkel von Gaia, drei Schwestern: Stheno, Euryate und Medusa.
HADES: Sohn von Kronos und Rhea, Bruder von Zeus, Gatte von Persephone. Totengott, Beherrscher der Unterwelt.

HARPYIEN: vogelartige Frauen; tyrannisierten König Phineus von Thrakien.

HEKATE: Göttin der Zauberkunst; ihr diente Medea.

HASE: (lat. „Lepus") Sternbild zu Füßen des Orion.

HELIOS: Vater von Aietes, Kirke und Nephele. Sonnengott.

HELLE: Tochter von Athamas und Nephele, Bruder von Phrixos.

HEPHAISTOS: Sohn von Zeus und Hera. Gott des Feuers, Schmied und Metallgießer der Götter.

HERA: Tochter von Kronos und Rhea, Gattin von Zeus, Beherrscherin des Himmels.

HERAKLES: (lat. „Hercules") Sohn von Zeus und Alkmene, Bruder von Iphikles, Gatte von Megara. Größter Held der griechischen Mythologie.

HERMES: Sohn von Zeus und Maia, Halbbruder von Apollo. Götterbote, Führer der Toten ins Reich des Hades, Beschützer der Reisenden, Schutzgott der Diebe und der Kaufleute.

HESPERIDEN: Töchter der Nacht. Bewachen die goldenen Äpfel, das Hochzeitsgeschenk von Gaia an Hera.

HOMER: berühmter griechischer Dichter im 8. Jhdt. v. Chr. (Ilias, Odyssee).

HYLAS: Argonaut, Waffenbruder von Herakles.

HYMENAIOS: Hochzeitsgott.

HYPNOS: Sohn von Nyx (Nacht), Bruder von Thanatos (Tod). Schlafgott.

INO: zweite Gattin von Athamas, Stiefmutter von Phrixos und Helle.

IPHIKLES: Sohn von Amphitryon und Alkmene, Zwillingsbruder von Herakles.

JASON: Sohn von Aison und Polymede, Gatte von Medea. Anführer der Argonauten. Holte das Goldene Vlies von Kolchis nach Griechenland zurück.

JUNGFRAU: (lat. „Virgo") Tierkreissternbild; Hauptstern: Spica.

KALAIS: Sohn von Boreas (Nordwind) und Oreithyia, Zwillingsbruder von Zetes.

KALLIOPE: die „Schönstimmige", Muse. Mutter von Orpheus.

KASSIOPEIA: Gattin von König Kepheus, Mutter von Andromeda. Zirkumpolarsternbild („Himmels-W").

KASTOR: (lat. „Castor") Sohn von Tyndareos und Leda, Zwillingsbruder von Pollux. Argonaut. Stern im Tierkreiszeichen Zwillinge.

KENTAUR: Lebewesen mit Leib und Beinen eines Pferdes, Kopf und Oberkörper eines Menschen.
KEPHEUS: Gatte von Kassiopeia, Vater von Andromeda. König von Äthiopien.
KERBEROS: Wachhund am Eingang der Unterwelt.
KIRKE: Tochter von Sonnengott Helios und Perse. Schwester von Aietes und Nephele.
KREBS: (lat. „Cancer“) Tierkreissternbild
KREON: Vater von Megara. König von Theben.
KUPFERVÖGEL VON STYMPHALOS: gefährliche Vögel mit scharfen Kupferfedern. Wurden durch Herakles von Stymphalos vertrieben.
KYDILLA: Dienerin von Alkmene.
KYTISSOROS: einer der Söhne von Phrixos und Chalkiope.
LEO: s. Löwe.
LEPUS: s. Hase.
LIBRA: s. Waage.
LINOS: griechischer Gelehrter. Lehrer von Herakles.
LÖWE: (lat. „Leo“) Tierkreissternbild; Hauptstern: Regulus.
LYNKEUS: Argonaut, wegen seines guten Sehvermögens Späher auf der Argo.
LYRA: von Hermes geschaffenes Saiteninstrument, das über Apollo an Orpheus gelangt. Sternbild; Hauptstern: Vega.
LYSSA: Dämon des Wahnsinns.
MÄNADEN: rasende Frauen im Gefolge des Dionysos.
MEDEA: die „Wissende“. Tochter von Aietes und Eidyia, Gattin von Jason, dem sie zum Goldenen Vlies verhilft.
MEDUSA: die jüngste und einzig sterbliche Gorgonenschwester.
MEGARA: Tochter von Kreon, Gattin von Herakles.
MELAS: Sohn von Phrixos und Chalkiope.
METEOR, METEORITEN: „Sternschnuppen“. Teile eines Kometenschweifs, die verglühen, wenn sie in die Erdatmosphäre geraten.
MILCHSTRASSE: Teil der Galaxie, in deren äußerem Drittel sich unser Sonnensystem befindet.
OLYMP: Wohnstätte der Götter Griechenlands.
OPHIUCHUS: berühmter griechischer Arzt. Sternbild „Schlangenträger“.
ORION: Sohn von Poseidon. Riese und Jäger. Sternbild; größte Sterne: Betelgeuze, Rigel.

ORPHEUS: Sohn von Apollo und Kalliope, Gatte von Eurydike. Größter Sänger der griechischen Mythologie. Seine Leier (Lyra) wurde als Sternbild auf den Himmel gesetzt. Argonaut.

PEGASOS: geflügeltes Pferd, Dichterroß. Sternbild.

PERSEPHONE: Tochter von Zeus und Demeter, Gattin von Hades. Herrscherin der Unterwelt.

PERSEUS: Sohn von Zeus und Danae, Gatte von Andromeda, Urgroßvater von Herakles.

PHINEUS: König von Thrakien. Prophet. Mißbrauchte seine seherische Fähigkeit, wurde zur Strafe geblendet und von den Harpyien gepeinigt.

PLEIADEN: Töchter des Riesen Atlas. Sternbild: „Siebengestirn".

POLARSTERN: (lat. „Polaris") Himmelsnordpol, steht immer im Norden. Schwanzspitze des Kleinen Bären, bzw. letzter Deichselstern des Kleinen Wagens.

POLLUX: (gr. „Polydeukes") Sohn von Tyndareos und Leda, Zwillingsbruder von Kastor. Argonaut. Stern im Tierkreiszeichen Zwillinge.

POLYMEDE: Gattin von Aison, Mutter von Jason.

PROMETHEUS: der „Vorausdenkende". Bruder von Atlas. Brachte den Menschen das von Zeus gehütete Feuer, wurde zur Strafe an einen Felsen im Kaukasus geschmiedet, wo ein Adler seine Leber fraß. Wurde von Herakles befreit.

PUPPIS: Hinterteil des Sternbildes Argo navis am südlichen Sternenhimmel.

SAGITTARIUS: s. Schütze.

SCORPIUS: s. Skorpion.

SCHLANGENTRÄGER: (lat. „Ophiuchus") 13. Tierkreissternbild.

SCHÜTZE: (lat. „Sagittarius") Tierkreissternbild; von Mitteleuropa aus nicht vollständig sichtbar.

SELENE: Göttin des Mondes.

SIEBENGESTIRN: s. Pleiaden.

SIRENEN: vogelartige Frauen, die mit verführerischem Gesang vorbeifahrende Schiffer auf ihre Insel (Anthemoissa) lockten.

SIRIUS: Hauptstern des Sternbildes Großer Hund, hellster Stern auf unserem Himmel.

SISYPHOS: König von Korinth. Erzürnte Zeus durch seine Schlauheit, wurde damit bestraft, in der Unterwelt einen Stein den Berg hinaufzurollen, der immer wieder zurückrollte („Sisyphusarbeit").

SKORPION: (lat. „Scorpius") Tierkreissternbild; Hauptstern: Antares (Gegenmars); von Mitteleuropa aus nicht vollständig sichtbar.

SKYLLA: Meeresungeheuer in der Straße von Messina.

STEINBOCK: (lat. „Capricornus") Tierkreissternbild.

STERNSCHNUPPE: in der Erdatmosphäre verglühender Meteorit.

STHENELOS: Sohn von Perseus und Andromeda, Gatte von Nikippe, Vater von Eurystheus. König von Mykene.

STIER: (lat. „Taurus") Tierkreissternbild; Hauptstern: Aldebaran.

STYX: Fluß an der Grenze zur Unterwelt, dem Reich des Hades.

TANTALOS: beleidigte die Götter und wurde damit bestraft, im Totenreich über ihm hängende Früchte nie erreichen zu können („Tantalusqualen").

TAURUS: s. Stier.

TIERKREIS: (griech. „Zodiak") Zone am Himmelsgewölbe, innerhalb welcher die Bewegungen von Sonne, Mond und Planeten vor sich gehen und die Tierkreissternbilder liegen.

TIPHYS: Argonaut, Steuermann des Schiffes Argo.

TRITON: Sohn des Poseidon und der Amphitrite. Kleinerer Meeresgott.

URSUS MAIOR: s. Großer Bär.

URSUS MINOR: s. Kleiner Bär.

VEGA: Hauptstern im Sternbild Lyra.

VELA: Segel des Sternbildes Argo navis am südlichen Sternenhimmel.

WAAGE: (lat. „Libra") Tierkreissternbild.

WAGEN, GROSSER: Teil des Sternbildes Großer Bär. Zirkumpolarsternbild.

WAGEN, KLEINER: Teil des Sternbildes Kleiner Bär. Zirkumpolarsternbild; Hauptstern: Polarstern.

WASSERMANN: (lat. „Aquarius") Tierkreissternbild; Hauptstern: Sadalmelik.

WIDDER: (lat. „Aries") Tierkreissternbild; Hauptstern: Hamal.

ZETES: Sohn von Boreas (Nordwind) und Oreithyia, Zwillingsbruder von Kalais.

ZEUS: Sohn von Kronos und Rhea, Gatte von Hera. Herrscher im Reich der Götter.

ZIRKUMPOLARSTERNBILDER: sind das ganze Jahr sichtbar, geraten nie unter den Horizont.

ZWILLINGE: (lat. „Gemini") Tierkreissternbild; Hauptsterne: Kastor und Pollux.

Im Jahr 1990 erschien als erster Band:

144 Seiten, 12 Sternbilderkarten, 8 s/w-Bilder, im Anhang 12 Monats-Sternkarten, Pappband, übersetzt von Erika Bohata.

Eingebettet in die Rahmenerzählung rund um Onkel Martin, Kristoffer, Jenny und Jan finden sich in diesem ersten Band Geschichten zu den Sternbildern PERSEUS, ANDROMEDA, SKORPION, LYRA, ORION, PEGASUS, KASSIOPEIA, PLEJADEN, GROSSER BÄR, KLEINER BÄR, STIER und viele andere. Im Anhang finden sich eine fundierte, aber leicht verständliche Darstellung von viel Wissenswertem über den Sternenhimmel, 12 Sternenkarten zu den einzelnen Monaten und ein Register der vorkommenden Namen.

Für Kinder ab 10 Jahren

herder